常见食用菌简介

才晓玲　编著

中国农业大学出版社
· 北京 ·

内 容 简 介

《常见食用菌简介》共收集我国常见食用菌30科84属248种食用菌。主要介绍了常见食用菌的拉丁名、别名、科名、属名、形态特征、地理分布、生长环境及功效作用等方面的内容。本书内容简明扼要，脉络清晰，可为科技工作者在我国开展野生食用菌资源调查、野生食用菌驯化、资源开发利用等工作提供基础信息和科学依据。本书系统地介绍了我国常见的野生食用菌，可为食用菌从业人员、科研人员从事食用菌采集、分类及科学研究等提供一定的参考。

图书在版编目(CIP)数据

常见食用菌简介/才晓玲编著. —北京：中国农业大学出版社，2018.5(2019.10重印)

ISBN 978-7-5655-2007-5

Ⅰ.①常…　Ⅱ.①才…　Ⅲ.①食用菌-蔬菜园艺　Ⅳ.①S646

中国版本图书馆CIP数据核字(2018)第068926号

书　　名　常见食用菌简介
作　　者　才晓玲　编著

策划编辑	赵　中	**责任编辑**	韩元凤
封面设计	郑　川		
出版发行	中国农业大学出版社		
社　　址	北京市海淀区圆明园西路2号	**邮政编码**	100193
电　　话	发行部 010-62818525,8625		读者服务部 010-62732336
	编辑部 010-62732617,2618		出　版　部 010-62733440
网　　址	http://www.caupress.cn	**E-mail**	cbsszs @ cau.edu.cn
经　　销	新华书店		
印　　刷	北京虎彩文化传播有限公司		
版　　次	2018年5月第1版　2019年10月第2次印刷		
规　　格	787×980　16开本　12.75印张		230千字　彩插1
定　　价	49.00元		

图书如有质量问题本社发行部负责调换

前　言

食用菌也称为食用真菌。广义的食用菌是指一切可以食用的真菌，而狭义的食用菌仅指可供人类食用的大型真菌，通常是形体较大的、肉眼可以看得清楚的真菌，如通常所称的“菌”“菇”“蘑”“耳”等。本书所归纳的食用菌，是狭义上的食用菌。食用菌属消费类食品，是集营养、保健于一体的绿色健康食品，具有较高的营养和食用价值。食用菌含有多种人体必需的维生素、氨基酸和矿质营养元素，有助于人体抵抗有害微生物侵犯、调节人体机能、增进健康，并对多种疾病有一定的疗效。我国是世界食用菌的生产和消费大国，目前我国食用菌总产量占世界总产量的70%以上，位居世界第一，且其中98%的产量用于满足国内需求，其总产值在中国种植业中的排名仅次于粮、棉、油、菜、果，居第六位。

食用菌产业是一项改革开放后迅速发展形成的新兴产业，是一项有利于提高居民膳食水平、保障居民身体健康的产业，是一项集经济效益、生态效益和社会效益于一体的产业，是一项可以促进农村经济发展、转变农业发展方式、实现农民增收致富的产业。据中国食用菌协会统计，2016年全国食用菌总产量3 597万t，产值2 742亿元。按国家“十二五”规划国内生产总值年均增速7%保守估计，到2020年，我国食用菌产量和产值将分别达到5 089.81万t和3 240.31亿元。

我国不但是世界食用菌产业大国，更是食用菌栽培大国。我国是世界上绝大多数食用菌人工栽培的发源地，很早就开始了食用菌的驯化、栽培。据调查，我国目前栽培食用菌种类达50种，栽培品种数百个。但是，受家庭作坊式的生产方式和菌种分布的地域性限制，以及不同菌种生长的季节性和周期性的影响，食用菌生产的规范化和专业化工作成效不高，甚至由于大量栽培者的不规范自引、自繁、自用、代繁、串种，导致品种的随意冠名，出现大量的同物异名和同名异物，严重制约了菌种质量的提高，也成为制约我国食用菌产业化发展的重要问题。

目前关于食用菌的介绍，大部分书籍侧重介绍食用菌的生产技术方面，对于常见食用菌的介绍存在拉丁名称引用不规范、归类不准确等问题。为了便于开展食用菌的教学、科研及应用的需要，推动食用菌产业进一步发展，笔者根据多年来从事食用菌相关研究，参阅了国内外有关书籍文献编成此书。本书包含两部分内容，第一部分为食用菌基础知识介绍，第二部分为常见食用菌品种介绍，重点对常见食用菌的拉丁名、生物学特性、分布及效用价值进行规范和整理，以便于科学研究和开发利用。

由于编者技术和学术上的积累还有很多不足，本书也必然会存在着一些不妥之处，敬请广大同仁和读者提出宝贵意见，以便进一步修正、完善、提高。

编　者

2017 年 8 月

目　录

第一篇　食用菌基础知识

第二篇　常见食用菌品种简介

第一篇

食用菌基础知识

第一篇

[illegible]

第一章 食用菌概述

第一节 食用菌的定义及名称的由来

一、食用菌的定义

神奇的大自然，孕育了千姿百态的自然界生物，种类繁多。迄今为止人们已经知道的生物有500多万种，它们组成了丰富多彩、复杂多样的神奇世界。最初，人们只把它们简单地分为动物和植物。

随着科学技术的逐步发展，人们对生物的认识也在逐步深化，按近代新的分类观点，根据细胞核的状态（原核或真核）、体制（单细胞或多细胞）及营养方式（自养或异养），可把它们分为三类七界，即动物、植物、微生物（菌类）三大类，病毒、原核生物、原生生物、植物、真菌、黏菌、动物七界。

食用菌是指微生物（菌类）中一类可以食用的大型真菌，具有肉质或胶质的子实体或菌核类组织并能供人们食用或药用的一类大型真菌，又常称为蘑菇或食用蕈菌。菌丝体是食用菌的营养结构，主要功能是分解基质，吸收、输送及储藏养分；子实体是繁殖结构，其主要作用是产生孢子，繁殖后代，是人们食用的主要部分。食用菌的子实体一般都比较大，直径和高度可达2～40 cm，比如平菇，一般菌柄长2～10 cm，菌盖直径5～30 cm；小羊肚菌高2～4 cm，直径2 cm左右。常见的食用菌如香菇、竹荪、鸡腿菇、羊肚菌、金针菇、木耳等，其被食用的部分都是子实体，而茯苓和猪苓则是菌核。

食用菌在分类学上属于菌物界真菌门，大部分食用菌属于担子菌亚门（如金针菇、木耳等），少数属于子囊菌亚门（如羊肚菌、虫草）。按照生活方式的不同，食用菌可分为寄生（如虫草菌寄生于鳞翅目昆虫）、共生（如牛肝菌与松树、松口蘑与红松等高等植物形成菌根菌）和腐生（如草菇、双胞蘑菇等）三种类型。

食用菌在自然界和生态系统的物质循环中起重要作用，它们能将植物凋落物中的复杂有机物分解转化为各种无机分子，以供再利用；同时不少种类的蕈菌能与许多树木的根系共生，形成菌根。菌根能分泌多种有机物和碱类物质，有利于土壤中有机物质的分解，而且还扩大了根系对水分和各种营养物质的吸收，特别是对磷的吸收，增加了林木合成有机物质的能力。因此，通过菌根真菌的调查研究，有利于促进食用菌资源的开发利用研究，对树木的生物量累计具有十分重要的意义和研究价值。

大部分食用菌都是营养丰富、风味独特的食品，具有很高的经济价值。除可用于人工栽培的猴头、香菇、平菇、木耳、金针菇等几十个品种外，自然界中还有丰富的野生食用菌，如松乳菇、竹荪、青头菌等珍稀食用菌。这些名贵的食用菌，不仅味道鲜美，而且对疾病具有一定预防或治疗的药用功效。据现代研究表明，大部分食用菌中都含有多糖类物质，具有一定的抗肿瘤、调节免疫力、抗氧化、降血脂和降血糖等药理作用。因此，随着人们对健康食品的日益重视，食用菌越来越被广大消费者所青睐。同时，也有一些食用菌含有毒性物质，误食后可引起人和动物中毒，严重者可导致死亡。目前，毒菌的毒素及菌素在医学和分子生物学领域的研究和应用，特别是抗癌药物的探索中显示出越来越广阔的前景。

二、食用菌名称的由来

人类对食用菌种类的区别比较混乱，公元 1703 年吴材著《吴菌谱》中记载："出于树者为'蕈'，出于地者为'菌'"。古人曾以蕈、菰、芝、耳等名称记载各种食用菌，后来又称之为蘑菇。英语中 mushroom 被翻译成蘑菇，对欧美人来讲，mushroom 主要指双孢蘑菇，而对中国人而言，蘑菇泛指食用菌的总称，包括各种食用菌，所以食用菌常被翻译成 edible fungi，mushroom 与 edible fungi 都泛指食用菌。

随着科学的发展，人们对不同的食用菌都用确切的名称来命名，如茶树菇因生于茶树树干而得名，鸡腿菇因形状酷似鸡腿而命名，绿菇因菌盖颜色偏绿而命名。地球上已知能形成大型子实体的真菌约有 14 000 种，其中可以食用的有 2 000 多种。我国食用菌资源也十分丰富，据统计，我国已知的食用菌约 980 种，其中能够进行人工栽培的有 92 种，商业化栽培的有 30 多种，多数食用菌营养丰富，味道鲜美，是菜肴中的珍品，越来越受到人们的喜爱。

第二节　食用菌栽培发展简史

我国栽培食用菌的历史非常悠久，早在 1 400 多年前我国就开始人工栽培黑木耳，大约在 700 年前在王祯撰写的《农书》中就有香菇栽培的详细记载，比日本栽培香菇早至少 300 年，具有“中国蘑菇”之称的草菇的栽培，在我国也有 200 多年的历史。由此可见，我国是最早认识、利用和栽培食用菌的国家。中国食用菌栽培从诞生到发展成为一门新兴产业，大约经历了三个时期。

一、萌芽期(公元 1—10 世纪)

早在 6 世纪，贾思勰在《齐民要术》“素食篇”中就曾详细地介绍了木耳的做法；苏恭等著的《唐本草注》中记载了“煮浆粥安诸木上，以草覆之，即生蕈尔”的原始木耳栽培法；唐代韩鄂编的《四时纂要》中，则比较详细地叙述了用烂构木及树叶埋在畦床上栽培构菌的方法；《种菌篇》还对食用菌的种植、管理、采收、贮藏以及菌的有无毒性，能否食用，作了具体叙述。在这一时期，驯化栽培品种比较少，只有金针菇、木耳和茯苓，由于生产技术十分落后，造成产量低，品质差，主产区主要在淮北和中原一带。食用菌以野生为主。木耳半人工栽培方法最早始于1 000 多年前，在林区伐木，用粥培菌的方法一直流传至今。茯苓作为重要药用真菌，最初是在松根周围挖取菌块，就地切成块状即可栽培。

二、发展期(公元 10—14 世纪)

800 年前在浙江西南部山区，由吴三公创始砍花栽培香菇的方法，在龙泉、庆元、景宁三县一带采用“砍花”种香菇，创造了“惊蕈”等技术。山区农民有在林内选场、倒树、砍花接菌和击树惊菌的经验。到了公元 1313 年，香菇栽培技术已成为山区农民的重要谋生手段。

三、成熟期(公元 14 世纪以后)

明代以后，我国食用菌栽培积累了丰富的经验，其发展非常迅速，并相继出现了银耳、血耳、草菇等人工栽培。香菇的栽培技术已相当完善，浙江的香菇、湖北的木耳、四川的银耳在当时都很盛行。

我国近代食用菌生产新产业的形成，始于 20 世纪 30 年代，上海引进了双孢蘑菇(*Agaricus bisporus*)的纯种堆料栽培技术；1924—1926 年，胡昌炽从日本引入蘑菇菌种，在国内开始试种；1932 年，潘志农从香港引入银耳纯菌种，进行人工培育，均获得成功，他们成为中国近代食用菌科学种菇的先行者。20 世纪 50 年代以来，随着中华人民共和国建立后的经济复兴，食用菌生产发展迅速，这一时期的技术比以前有了很大进步，总结为“人工培养纯菌丝，打孔接种”。

近几年，我国的食用菌产业正以空前的规模向前发展，生产工艺也有很大提高，特别是越来越多的科研单位和科研工作者，在食用菌资源调查、野生品种驯化、栽培技术、产品加工和综合利用方面都取得了突破性成果。

随着科学技术的不断发展，食用菌科研工作者对食用菌生长发育过程中的遗传机制、营养生理、生殖生理及酶的功能的研究都有一定的进展。食用菌已成为一门新兴产业，中国已成为世界上最大的食用菌生产国。

第三节　食用菌的价值

食用菌不仅是一类味道鲜美、营养丰富的食品，而且可以用做保健品或药品。著名食用菌学家、香港中文大学张树庭教授将食用菌的价值高度概括为“可食可补可药”。

一、食用菌的食用价值

在食用菌的大家族中，有很多被列为宴席上的“上品”：素有“菌中皇后”“山珍之王”称号的竹荪，自古就列为“草八珍”之一，味道鲜美无比；有味美如鸡汁的鸡油菌；具鲍鱼香味的侧耳；香气四溢的鸡枞菌；鲜美质脆的羊肚菌；多肉美味的牛肝菌等。食用菌在烹饪时方法多种多样，黑木耳可炒，也可凉拌；香菇、平菇等可煮汤，也可炒；金针菇可炒，可以油炸或凉拌，味道鲜美，却又不尽相同；食用菌还可以加工成可贮藏的食品，如鸡枞油、松茸酒等。

二、食用菌的营养价值

食用菌味道鲜美，具有很高的营养价值，已经引起世界各国的重视。这是因为大部分食用菌的营养成分不仅高于许多蔬菜，而且可与动物性食品相媲美，主要是因为许多食用菌含有丰富的人体所需的营养物质。如青头菌含有丰富的矿质元素及氨基酸，每 100 g 鲜品可食部分含水分 93.3 g、蛋白质 2.7 g、脂肪 0.1 g、碳水化合物 0.9 g、膳食纤维 2.2 g、灰分 0.8 g、硫胺素 0.01 mg、核黄素 0.46 mg、尼克酸 4.0 mg、钾 269 mg、钠 1.1 mg、钙 4 mg、铁 1.4 mg、锌 0.67 mg、硒 0.22 mg 等。从现代营养学的角度来看，食用菌的营养价值主要在于其成分，主要有蛋白质及其氨基酸组成、碳水化合物、脂肪及其组成、维生素、矿物质和膳食纤维六大营养要素，且每种营养要素的含量和比例适当，特别是食用菌中含有人体必需氨基酸的种类不仅多，而且含量较高，各种比例接近人体的需要。因此，在膳食中增加合理比例的食用菌，不但可以补充人体必需氨基酸，而且可以大大提高食物的生物效价。随着人们生活水平的不断提高，人们对食用菌营养价值也越来越重视。所以，食用菌将会成为人类未来的重要食品来源。

(一)蛋白质

食用菌含有丰富的营养物质，特别是含有丰富的蛋白质和氨基酸。在食用菌一般的干物质中含蛋白质30%～35%，鲜物质含蛋白质3%～5%，是普通蔬菜的几倍到几十倍。如鲜蘑菇蛋白质含量为3.5%～4.5%，1 kg干蘑菇所含的蛋白质相当于2 kg瘦肉、或3 kg鸡蛋、或12 kg牛奶所含的蛋白质。大白菜含蛋白质1.1%，白萝卜为0.6%，苹果为0.2%，鲜牛奶为3.3%；可见，鲜蘑菇蛋白质含量比牛奶还高。若按干重计算，食用菌通常含有19%～35%的蛋白质，而稻米仅含7.3%、小麦为13.2%、大豆为39.1%。因此，食用菌不仅蛋白质含量高，其品质也较好。食用菌生长周期短，生物学效率高，其生产蛋白质的能力远超过大多数高等植物。食用菌工厂化生产，其产生的蛋白要比生产动物蛋白更快速、经济实惠，且生产食用菌所需物料大多为农业废弃物，栽培并利用食用菌菌体是目前增加食用蛋白质来源的一个重要途径。食用菌蛋白质虽然含量没有动物性食品(如猪、牛、羊肉)高，但它不像动物性食品，在含高蛋白质的同时脂肪和胆固醇的含量也较高。而食用菌中脂肪和胆固醇却相对较低。食用菌的核蛋白质中，含有核糖核酸(RNA)、脱氧核糖核酸(DNA)。DNA主要存在于细胞核内，其功能是传递遗传信息。RNA主要存在于细胞质内，大多数与蛋白质结合成核蛋白。因此，在国际上，食用菌被公认为是十分好的蛋白质来源。

(二)必需氨基酸

组成蛋白质的氨基酸有二十多种，食用菌中就含有十七八种，并且含有人体所必需的8种氨基酸，这8种是人体不能自身合成的，只能从食物中获得，因此它们被称为必需氨基酸。据有关人士测定，凤尾菇的营养价值相当于牛奶，蘑菇的氨基酸含量与鸡蛋极为相似。食用菌中含有的赖氨酸和亮氨酸最为丰富，这两种氨基酸在粮食中含量很低。这8种必需氨基酸在蛋白质合成时必须同时存在，并且在数量上有适当的比例，如果其中的一种或多种供应不足，则细胞中所有其他氨基酸的利用将以相应的比例减少。食用菌中含有的蛋白质与植物蛋白相比，前者所含氨基酸的种类平衡，因而质量高，后者常缺乏一些重要的氨基酸，如禾谷类所含赖氨酸很少，豆科类常缺少蛋氨酸和色氨酸。除普通氨基酸和酰胺之外，食用菌还含有不常见的氨基酸和相关的氮化合物，如甲硫氨酸亚砜、β-丙氨酸、磺基丙氨酸、羟脯氨酸、刀豆氨酸、瓜氨酸、鸟氨酸等。

(三)脂肪

常见食用菌的粗脂肪含量占其干重的 1.1%～8.0%，平均为 4.0%。一般而言，食用菌的脂肪种类齐全，包括游离脂肪酸和甘油单酯、甘油双酯、甘油三酯、甾醇、甾醇酯和磷酸酯等，其中非饱和脂类含量高于饱和脂类。

食用菌所含有的脂肪酸中，其不饱和脂肪酸占总脂肪酸的 74.0%～83.1%，食用菌的热容量比苹果、香蕉、马铃薯、豌豆、水稻、猪肉和啤酒都低，这些非饱和脂肪酸主要为亚油酸。在人们的日常饮食中，非饱和脂肪酸是人体必需的营养物质。而动物脂肪中所能提供的大量饱和脂肪酸摄入过多会对人的健康不利。食用菌中含有高比例的非饱和脂肪酸，是其成为健康食品的重要因素之一。因此，食用菌类具有减肥作用。这样的高蛋白、低脂肪的食品是人类的理想食品。

胆固醇是甾类化合物的脂类中的一个成员（甾类化合物是四环碳氢化合物环戊烷多氢菲的衍生物），它是真核生物膜的一种重要的结构成分，但是血清中胆固醇含量如果过高会增加患心血管疾病的可能性，因此，人们对胆固醇过高有一定的恐惧。在人类的各种食品中，动物类食品虽然蛋白质含量较高，但胆固醇含量也高，植物类食品蛋白质含量低，胆固醇含量也低，随着人们生活水平的提高，动物类食品的消费数量提高，胆固醇的摄入量也明显增加，使得人们患心血管疾病的可能性也随之提高。食用菌不仅蛋白质含量高，而且胆固醇含量低，因此，多吃食用菌不会引起胆固醇偏高，可以适当增加食用菌膳食比例。

(四)维生素、矿物质及纤维素

食用菌中含有多种维生素，据有关人士分析测定，白蘑菇含有的维生素达 8 种之多。随着食用菌的种类和品种的不同，其所含的维生素种类、含量以及维生素活性差异也较大。大部分食用菌通常都含有硫胺素（维生素 B_1）、核黄素（维生素 B_2）、维生素 PP 等。经测定，白蘑菇每 100 g 中含硫胺素（维生素 B_1）0.12 mg，核黄素（维生素 B_2）0.52 mg，吡哆醇（维生素 B_6）0.45 mg，叶酸（维生素 B_{11}）0.98 mg；烟酸（维生素 B_6）5.85 mg，抗坏血酸（维生素 C）8.6 mg；在香菇中，每 100 g 含维生素 D 4 万个国际单位（一个国际单位含维生素 D 标准样品 0.05 μg）；在木耳和新鲜草菇中，均含有丰富的维生素 C，每 100 g 鲜草菇中，含维生素 C 达 200 mg 以上，高于富含维生素 C 的水果和蔬菜。另外，维生素 D 是食用菌中常见的有机化合物。在目前已知的食用菌中，香菇维生素D含量最高。香菇的维生素D含量大约是大豆的21倍，紫菜的8倍，甘薯的7倍。

食用菌是一类较好的矿物质源，食用菌中含有丰富的矿物质，如钾、钠、钙、铁、锌等。食用菌菌丝可以吸收基质中的矿物质并将其转运到子实体中。食用菌含量最高的矿物质元素是钾，其次是磷、硫、钠、钙和镁，这些属于主要矿质元素或称之为大量矿质元素，占总灰分的56%～70%；此外，食用菌还含有微量元素如铜、铁、锰、钼等。

食用菌中还含有一定的纤维素，平菇含有7.4%～27.6%的纤维素成分，双孢蘑菇为10.4%，草菇为4%～20%。纤维素被认为是有利于健康的食品成分，给糖尿病人以高纤维素膳食可以减少其对胰岛素的需要量，并稳定病人的血糖浓度。

(五)核酸

微生物的特点是核酸含量较高，如酵母菌的核酸含量为其干重的6.0%～12.0%，细菌为8.0%～16.0%，海藻为3.0%～8.0%，食用菌的核酸含量为2.7%～4.1%，其中双孢蘑菇的核酸含量为2.66%，鲍鱼菇为2.93%，凤尾菇为4.06%，草菇为3.88%。因此，作为日常蔬菜食用时，不必限制食用菌摄入量。

三、食用菌的药用价值

食用菌除对人体有营养滋补作用外，还有很高的药用价值。高等真菌可以用作药物，在我国已有悠久的历史，早在东汉时期的药物学专著《神农本草经》及明代李时珍的《本草纲目》中就有茯苓、猪苓、芝类、马勃、雷丸、蝉花、银耳的已载。到了明代，著名医药学家李时珍在他的巨著《本草纲目》中，记载药用真菌40余种。到了近代，应建浙等1987年编著的《中国药用真菌图鉴》，收集了药用真菌272种。我国传统药典已载及试验有药效的真菌多达451种，计有24科85属。

大部分药食同源食用菌都具有调节人体新陈代谢，增强人体免疫力，降低血压和血糖，降低胆固醇，保肝护肝等作用，特别在抗氧化、抗癌等方面，均具有一定的药理活性；同时，在一些主要的食用菌的子实体中，大多含有种类齐全的氨基酸和丰富的维生素，以及各种帮助消化的酶，能够起到强身滋补，消热解毒，抗流感病毒等作用。

食用菌是我国天然药物资源的一个重要来源，也是当代探索和研发新型抗癌药物的重要方向。1930年德国科学家发现担子菌有抗肿瘤的活性，1969年日本科学家千原吴郎研究发现香菇多糖具有抗肿瘤活性，随后的研究证明100多种真菌具有显著的抑瘤活性。除抗肿瘤活性外，许多食用菌还有其他的药理活性，牛肝菌最早记载于古文献《滇南本草》中：气味微酸、辛，性平。主治清热解烦，养血和中。现代文献《中国药用真菌》《中国药用孢子植物》中都曾记载该菌含有多种生物碱可治腰腿疼痛、手足麻木、四肢抽搐以及妇女白带异常等症；柱状田头菇（茶树菇）具有清热、平肝、明目、利尿、健脾之功效；竹荪性温味甘，有活血、健脾、益胃、助消化之功效，竹荪中的多糖等生物活性物质，还可防治高血压病，降低胆固醇，预防多种神经血管系统疾病；灵芝中含有的多糖、三萜等成分，具有抗氧化、抗肿瘤、降血脂、降血糖、抗衰老、调节免疫及促进新陈代谢等功效，且几乎无毒副作用，受到医药界的广泛重视。我国真菌资源十分丰富，民间利用真菌入药有着悠久的历史，许多真菌已被用作生药或制成中成药。食用菌的主要药理作用如下：

（一）抗癌作用

近年来国内外科学家对食用菌抗肿瘤多糖的研究十分活跃。动物和临床试验表明，从一些食用菌中提取出来的多糖分子对抗癌细胞有抑制作用。已在临床上用于癌症的免疫治疗，对猪苓、侧耳、云芝、香菇、灵芝、银耳、茯苓、冬虫夏草、猴头菇、裂褶菌等真菌的研究，证明这些真菌的多糖对某些肿瘤有治疗作用，如猪苓多糖能抑制小鼠肉瘤 180 的增殖；猴头菇多糖在临床治疗胃癌、食道癌方面有一定作用。同时在对早期癌病患者药物治疗的同时，大量食用侧耳属的食用菌，对抑制病灶的扩延，早日恢复健康有明显疗效。

（二）对心血管系统的作用

灵芝可降低小鼠整体的耗氧量，提高耐缺氧能力，能改善心律失常和胰腺微循环。冬虫夏草也同样具有降低实验动物耗氧量和提高耐缺氧能力，临床上对心肌梗塞有一定的保护作用。银耳对治疗慢性肺源性心脏病有较好效果。

（三）对肝脏的作用

香菇多糖对慢性病毒性肝炎有一定治疗效果；灵芝能促进肝细胞蛋白质的合成；云芝、树舌、猪苓等在治疗肝炎方面也有一定作用；草菇中含有极其丰富的维生素 C，它具有保护肝脏之作用，对促进儿童发育很有好处；金针菇含有多种氨基酸，可以预防和治疗肝脏系统疾病。

（四）对神经系统的作用

冬虫夏草的乙醇提取物能抑制小鼠自主活动，延长睡眠时间。小刺猴头菌对中枢抑制剂有协同作用，对中枢兴奋剂有对抗作用；安络小皮伞有较好的镇痛作用。

(五)抗炎作用

银耳、冬虫夏草、蜜环菌、竹黄菌均有一定的抗炎作用。一些药用真菌,除对某种疾病有特殊的治疗效果外,它的作用往往是综合性的。不少药用真菌都具有滋补强壮作用,如灵芝、冬虫夏草、香菇等。我国历代医药学家都认为灵芝具有滋补强壮、扶正固本的作用,近代医药临床上,灵芝在治疗慢性支气管炎、消化不良、神经衰弱、冠心病、肝炎、高脂血症、高血压、白细胞减少症等疾病中均有效果。灵芝菌丝体和孢子粉制成的注射液,用于弥漫性或局限性硬皮病、多发性肌炎、红斑狼疮、斑秃、银屑病等疑难病症,都获得一定疗效。药理实验证明,灵芝具有免疫调节、抗过敏、抗肿瘤、抗衰老、提高肌体耐缺氧、降血糖和降血压作用。

(六)其他作用

药用真菌在提高人体免疫功能、滋补、抗衰老等其他方面,也具有一定药用价值,早已受到我国历代医药学家的关注。猴头性平,味甘,有利五脏、助消化、治疗慢性胃炎;平菇性温、味微咸,能祛风散寒,舒筋活络,用于治疗腰腿疼痛,手足麻木等症;木耳有润肺、通便、治痔和消化纤维的作用;银耳有提神生津、滋补强身的作用,对慢性肾炎有一定疗效;茯苓、猪苓利水渗湿;雷丸杀虫;马勃有止衄作用,可用来止血,治疗胃出血症;香菇富含维生素 D,可以治疗软骨病;密环菌能治风湿、腰膝痛、四肢痉挛和小儿惊厥等病症;树舌、云芝、亮菌治疗乙型肝炎,云芝、银耳医治慢性气管炎;安络小皮伞治疗三叉神经痛、偏头痛等。近年来,随着食用菌的逐步开发和利用。一些药用真菌的制剂大量应用于治疗疾病,如“猴头菌片”“密环片”“亮菌糖浆”“健肝片”等。随着化学、药理学、临床医学进一步深入研究,药用真菌在医疗临床中将会显示出更大的作用。因此,用这些本来就是人们所喜爱的各类名贵食用菌制成各种药品,既可充分发挥食用菌的药用价值,又可增强患者的安全感,解除后顾之忧,提高治病信心,取得更好的治疗效果。同时食用菌又是人们食用的美味佳肴,如黑木耳、香菇、银耳、猴头菇、金针菇、羊肚菌、松口蘑、蜜环菌等,都可加工成许多可口的菜肴和保健食品。

另外,我国的毒菌分布广泛。误食毒菌造成呕吐、腹泻、精神狂躁甚至死亡者屡有记载。我国毒菌主要有:白毒伞、毒伞、鳞柄白毒伞、褐鳞小伞、毒蝇伞、豹斑毒伞、毒粉褶菌、秋盔孢伞、包脚黑褶伞、鹿花菌、肉褐鳞小伞、残托斑毒伞、臭黄菇、毒杯伞、细网牛肝菌、毒红菇、裂丝盖伞、小美牛肝菌。

第四节　食用菌资源的分布

一、青藏高原地区的食用菌

本区的喜马拉雅山以北地区，真菌资源贫乏，雨季来临后，偶有蘑菇属多种和毛头鬼伞等食用价值不大的真菌。但东喜马拉雅山南坡，沿雅鲁藏布江的森林带，食用菌资源丰富。有暗藏针叶林下的多种锈伞菌类，如蓝丝膜菌、光亮丝膜菌等，针阔叶混交林下的美味牛肝菌、红黄褶孔菌、翘鳞肉齿菌等产量丰富。另如生于树干的金耳、多种猴头菌、分枝猴头、玉髯等珍品，除本区相当丰富外，也产于西南地区的高山带。从东喜马拉雅到横断山区，真菌的种类有较大的共性。在海拔 4 000 m 以上的高山带，凡分布有高山蓼和蝙蝠蛾及其同属的多种蛾类的地区，也是虫草的自然分布区，上述这些都是我国珍贵而特有的菌种。

二、西北地区的食用菌

本区植被除部分地区有天山云杉外，主要以亚洲荒漠植物为主体。在林区附近出现的食用菌有多种羊肚菌，如圆锥羊肚菌、皱柄羊肚菌、小羊肚菌等。蘑菇属的麻脸蘑菇也是常见的食用菌。新疆著名的阿魏侧耳因生于伞形花科植物阿魏的根部而得名，是美味食用菌，多见于塔城、托里等地。另有生于刺芹根上的刺芹侧耳，可见于新疆和四川西部。

三、内蒙古地区的食用菌

本区木本植物极为贫乏，沙冬青、蒙古扁桃是罕有的木本代表。本区大部分是典型草原和荒漠草原。夏季草原上的蘑菇圈是一大胜景。蘑菇属的许多品种，如大紫菇、美味蘑菇、白鳞菇、淡黄菇、白杵蘑菇等都能形成蘑菇圈。位于蘑菇附近的禾草一般色泽较深、植株粗壮，似可显示出真菌与种子植物根系之间的互惠现象。但也有不利的情况，如硬柄小皮伞在形成蘑菇圈时，其菌丝分泌出的物质有时对周围的植物根系不利，使禾本科植物生长不良。本区和华北地区所产的口蘑是传统的商品，利用新技术，对它进行合理改良和育种已成当务之急。本区和西北地区的腹菌类在贫瘠中表现出不贫瘠，常见者有铅色灰球菌、紫马勃、栓皮马勃等。

四、华南热带地区食用菌

本区有热带雨林、季雨林和南亚热带季雨常绿阔叶林带，植被具有明显的热带特征。真菌出现附生型，常见马尾小皮伞成片着生。可食的种类逐渐被发现，如海南银耳、西沙小耳、网脉木耳。与白蚁巢相伴的华鸡枞属和鸡枞属的绝大多数种均集中于本区。对竹荪属真菌进行人工培养，本区最有条件。本区也是草菇栽培最理想的老区。若将所栽草菇进一步改良筛选，必有更佳的菌种问世。

五、西南地区的食用菌

本区包括横断山区，松林以云南松为代表。那里独特的环境孕育了独特的植被，如由高山林群组成的高山常绿阔叶林，故这一林带的真菌也相应丰富和独特，以牛肝菌类为例可见一斑。疣孢牛肝菌科全球共有 7 个属，本区拥有 4 个属；牛肝菌科全球有 20 个属，本区有 16 个属；种类之多，令人惊奇。本区盛产松口蘑（松茸菌）、紫蜡伞菌（紫罗盘）。干巴菌、多丛枝瑚菌（扫巴菌类，如密丛枝瑚菌、红柄丛枝瑚菌）、鸡枞菌属在本区和华南区都极为丰富。大量热带真菌的分布，以鸡枞菌而言，顺怒江河谷而上，可达贡山。

六、华中、华东地区的食用菌

本区大致位于秦岭的余脉，如伏牛山、桐柏山、大别山与南岭山脉之间，大部分属长江中下游，南至南岭山地，东连闽浙丘陵。这里是暖温带和亚热带森林的过渡带，松树种类以马尾松为主，常绿阔叶树种较华北区有明显增加，常见有青冈栎和特有种紫楠以及竹黄。牛肝菌属、绒盖牛肝菌属的真菌较丰富，有寄生现象，如似栖星绒盖牛肝菌。一些由国外引入的品种，如双孢蘑菇则首先于上海的郊区栽培，以适应需求，然后逐步推向全国。中国民间的传统食品银耳近 10 年来在川、黔、鄂、闽及浙等地大面积栽培成功，并向全国推广，从而解决了长期供不应求的局面。本区江南地带的松栎林下，长有多种乳菇属的食用菌，如猪血蕈（血红乳菇）、松乳菇，均是味色俱佳的食品。南部的多汁乳菇量大而普遍，越向南方，产量越大。鸡枞菌属的食用菌也见于江苏的宝华山和浙南、粤、闽等地。可见本区南部的气候逐步趋于热带性质，食用菌种类很多。本区北部冬季有较长的零下气温，食用菌种类较贫乏。

七、华北地区的食用菌

本区森林主要是暖温带针阔叶林，树种代表是油松、赤松。林下生长的食用菌均属北温带种，夏秋可见多种乳菇属、红菇属、蘑菇属、侧耳属食用真菌，但无特有种。近几年来 在本区发现了一些地下菌类，如瘤孢地菇、刺孢地菇。外形酷似地下菌的承德高腹菌也是本区罕见的美味食用菌。这些菌类的发现，打破了我国地下菌类研究的长期僵局。本区的泰山、华山是我国茯苓的盛产地之一。这种多孔菌类与松属根系有密切关系，其菌核是传统的中药。

八、东北地区的食用菌

本区有以落叶松、樟子松、红松为主体的明亮针叶林，具有外生菌根的食用菌以牛肝菌科的真菌较多。长白山乳菇被认为是本区特有种。此外，诸如生于树干、枯干或树桩上的榆树离褶伞、北方小香菇、灰白侧耳等均可食，外形较似侧耳类。

第二章　食用菌生物学基础

第一节　食用菌的形态结构

食用菌虽然种类繁多，结构各异，形态各异，但它们的基本结构都是由营养器官——菌丝体和繁殖器官——子实体两大部分组成的。食用菌的营养体为分枝的丝状物的结合体——菌丝体所组成。这种菌丝体在达到生理成熟状态而又遇到适宜的环境条件时，便可形成具有产生孢子结构的、特殊的、组织化的菌丝体——子实体。可供人们食用的各种食用菌，都不是其营养生长阶段的菌丝体，而是其生殖生长阶段形成的子实体的主要部分。

食用菌的子实体阶段形态较大，通常为几厘米至几十厘米，重量为几克到几千克。它们形态各异，有伞状、笔状、头状、耳状、舌状、球状、花朵状、树枝状等。食用菌子实体，不仅是人们食用的主要部分，而且其主要形态特性、结构特点，也是食用菌分类的重要标志。

食用菌在分类上主要包括真菌中的两个门，一个是以产生子囊和子囊孢子为典型特征的子囊菌门，如羊肚菌、冬虫夏草等；另一个是以产生担子和担孢子为典型特征的担子菌门，如平菇、香菇等。大多数食用菌属于担子菌门，只有少数菌如羊肚菌等属于子囊菌门。

一、菌丝与菌丝体的形态结构

（一）菌丝及菌丝体的正常形态结构

1. 菌丝体的定义

食用菌菌丝来自食用菌产生的孢子，食用菌的孢子是微小的繁殖单元，在适宜的条件下，当孢子吸水膨大后，首先长出芽管，芽管不断分枝、伸长形成丝状体，通常将其中的每一根细丝称为菌丝，菌丝前端不断地生长、分枝并交织形成的菌丝群，通称为菌丝体。

食用菌的菌丝一般是具隔膜的多细胞结构。菌丝被隔膜隔成了多个细胞，每个细胞可以是单核、双核或多核。隔膜是由细胞壁向内作环状生长而形成的。每个菌丝细胞的构造和植物细胞类似，包括细胞壁、细胞质膜、细胞核、线粒体、内质网、液泡等结构。子囊菌的隔膜较简单，中央仅有一个大孔，为单孔隔膜，孔径0.1～0.2 μm；而担子菌的隔膜结构较复杂，具桶状结构，称为桶孔隔膜，中央孔的两侧呈琵琶桶状，外面还覆有一层弧形的膜，称为桶孔覆垫，它是由内质网延伸而形成的。

食用菌菌丝细胞壁一般由几丁质、纤维素等成分组成骨架。这种壁可被蜗牛酶和纤维素酶等溶壁酶溶解，因而使采用酶解法制备原生质体的工作成为可能。子囊菌的羊肚菌、马鞍菌等细胞壁几丁质的主要单糖成分为 *D*-半乳糖；而担子菌中的香菇、双孢蘑菇等的几丁质主要单糖成分是岩藻糖。细胞核以外、质膜以内的原生质部分是细胞质。幼嫩的菌丝细胞内有较黏稠而浓的原生质，并含有大大小小的液泡；而在老熟的菌丝中，多个液泡聚合起来占据着细胞的中部，把原生质挤到边缘。菌丝细胞中细胞核的数目从 1 个到多个不等，通常担子菌的菌丝细胞多为 2 个核，而子囊菌中的菌丝细胞含有 1 个或多个核。细胞核中核酸的成分主要是脱氧核糖核酸，其中鸟嘌呤和胞嘧啶的含量可作为真菌分类鉴定的重要依据。

2. 菌丝体正常形态结构

按照发育的顺序，食用菌菌丝体可分为初生菌丝体、次生菌丝体和三次菌丝体。

(1)初生菌丝体　指刚从孢子萌发形成的菌丝体，这种菌丝特别纤细，菌丝每个细胞中都含有一个细胞核，因此又叫单核菌丝体或一次菌丝体。一般来说，单核菌丝体不会直接形成正常的子实体，它没有正常结实能力，如香菇、平菇等。但双孢蘑菇除外，其担孢子萌发时就含有两个核。

(2)次生菌丝体　指两条初生菌丝经过原生质融合(质配)发育而成的菌丝体。由于次生菌丝体中两个细胞核并不融合，所以次生菌丝体的每个细胞均含有两个细胞核，故又称为双核菌丝体。双核菌丝细胞的两个单核在遗传上如果是同核，称为同核双核菌丝体，也叫同核体；双核菌丝细胞的两个单核在遗传上如果是异核，则称为异核双核菌丝体，也叫异核体。在食用菌中，约有 3/4 的次生菌丝体为异核体，有 1/4 的次生菌丝体为同核体。双核菌丝体的特点是：每个细胞含有遗传性质不同的细胞核。双核菌丝体具有形成子实体的能力，比单核菌丝体粗壮且分枝繁茂，大多数食用菌的菌丝形态都是双核菌丝，由于双核菌丝已经是进行性接合的菌丝，因此，双核菌丝体的任何一部分均可用来培养子实体。故食用菌栽培和生产中常用双核菌丝体，如蘑菇、平菇的各级菌种都是双核菌丝。担子菌的食用菌多数具有锁状联合现象，所谓锁状联合，是指在双核菌丝的横膈膜处产生的一个具有特征性的侧生突起。它常发生在菌丝顶部双核细胞的两核之间，是双核菌丝细胞生长分裂过程产生的一个特殊构造。因此，凡是具有锁状联合的菌丝就是双核菌丝，反之则不然，因为有些双核菌丝并不产生锁状联合，如蜜环菌、草菇等。子囊菌的某些块菌也可以发生锁状联合。

(3)三次菌丝体　把已组织化了的双核菌丝体称为三次菌丝体(又称结实性双核菌丝)。有些食用菌为了适应环境条件，菌丝常密集成索状或块状等，形成了菌核、菌索和子座。

在生产实践中所选用的菌种一般都是双核菌丝体。因为大部分食用菌的子实体都是由双核菌丝组成的，因此，只要切取菇体的一部分就能培养出纯菌种，这种方法就是菌种的组织分离法。此外，经过双核化的食用菌菌丝体能通过繁殖而不断蔓延扩展，若是环境条件适宜，这种菌丝体可无休止地繁殖下去，并可持续多年产生子实体。在自然环境中，菌丝体的生长繁殖往往是从一点出发，不断向四周辐射扩展，故由外围新生菌丝所形成的子实体常呈圈状生长，被人们称作“蘑菇圈”。它们多发生在草原或森林边缘地上。

(二)变态菌丝体

在环境不良或繁殖时，一些食用菌的菌丝体相互紧密地缠结在一起，形成如菌核、菌索、子座等变态状菌丝组织体。它们在繁殖、传播以及增强对环境适应性方面有很大的作用。

1. 菌核

有些食用菌在生长发育过程中的某个阶段或遇到不良的生长环境条件时，菌丝体会聚集和黏附在一起，成为一种紧密的假薄壁组织，形成有一定形状如块状或瘤状的休眠体，即为菌核。菌核的内部结构分为两层，分别为皮层和髓层。皮层多凸凹不平，菌丝扭结较紧密，为皮壳状，细胞较小，细胞壁较厚，大多为棕褐色至黑褐色；髓层常贮藏较多养分，细胞壁较薄，白色或粉红色。菌核质地坚硬、色深，大小不一。如北方草原上的口蘑菌核常分布在地表下 14～30 cm 土中，俗称“口蘑蛋”，能耐－30℃严寒，是口蘑的越冬器官。著名的药用菌茯苓、猪苓、雷丸的药用部分均是菌核。药用茯苓聚糖和猪苓聚糖就来自于其菌核。菌核对干燥、高温或低温的抵抗力很强，是真菌对不良环境的一种适应形式。当环境条件适宜时，菌核又可萌发出菌丝或者在菌核上直接产生子实体。故菌核也可作为菌种的分离材料。

2. 菌索

菌索是由菌丝体缠绕形成带状或绳索状组织体，这种变态组织称为菌索。外貌酷似高等植物的根，其颜色为白色、褐色或暗褐色，粗细长短不等，常有分枝，其顶端部位是其生长点，可以不断延长，一般长数厘米到数米不等。小蜜环菌属是著名的菌索产生菌，如蜜环菌、发光假蜜环菌等都可产生菌索，菌索表面色暗，由排列紧密的菌丝结合而成，常胶质化，菌索的作用和菌核相似，在不良环境中有较强的抵抗力，遇到适宜环境条件又可从生长点恢复生长。菌索是一种输导组织，一般生于树皮下或地下，具有吸收、输送养料的功能。如天麻就是靠蜜环菌的菌索提供养分而得以生存。蜜环菌和发光假蜜环菌的菌索在生长时会发出波长约为 530 nm 的蓝绿色荧光。研究发现菌索的生命力和荧光强度成正比。

3. 子座

子座是指由拟薄壁组织和疏丝组织聚集而成的容纳子囊果的褥座状结构。一般呈垫状、柱状、棍棒状或头状。子座是真菌从营养生长阶段到生殖生长阶段的过渡形式，子座成熟时在它的内部或上部发育出各种无性繁殖或有性繁殖的结构。子座在子囊菌中居多，如冬虫夏草的“草”事实上就是从菌核中长出有头部和柄部的子座，为棍棒状。子囊孢子外生于子座的顶端。蝉花、蛹虫草子座也为棍棒状。另外，竹蟥的子座为瘤状。

二、子实体的形态结构

子实体是真菌产生孢子、繁衍后代的菌丝体特化结构，只在特定的生殖阶段才能产生，俗称菇、草、耳等，是人类食用或药用的主要部分，担子菌的子实体称为担子果，可以产生担孢子；子囊菌的子实体称为子囊果，是产生子囊孢子的部分。

(一) 子实体的形态特征

子实体的形状各种各样，有伞形的，如香菇、草菇等；有漏斗形的，如鸡油菌；有舌形的，如牛舌菌；有耳形的，如黑木耳；有珊瑚形的，如珊瑚菌。其中以伞状菌为最多。

子实体的颜色较为丰富，有白色、黄色、灰色、红色、绿色、褐色、黑色等各种颜色。

子实体的大小不等，大的可达几十厘米，小的仅为几厘米。此外，从子实体的生长状态来说，子实体有单生、丛生、簇生和覆瓦状等区别。

(二) 子实体的宏观结构特征

伞菌的子实体形态结构一般由菌盖、菌柄、菌环、菌托、鳞片等组成(图 1-1)。

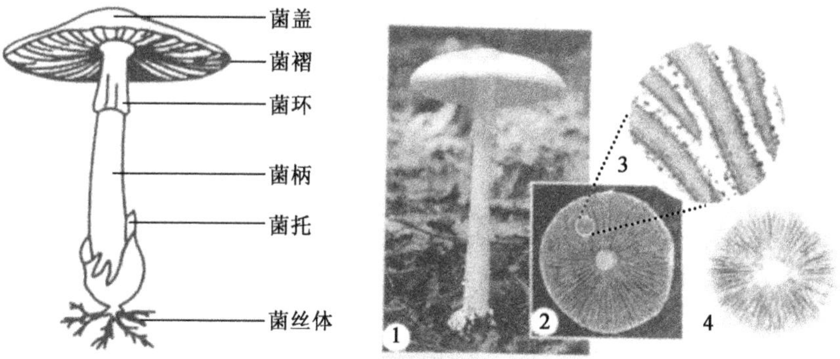

图 1-1　伞菌子实体及菌褶的形态特征

1.伞菌子实体　2.菌盖　3.菌褶　4.孢子印迹

1.菌盖及菌褶的形态结构

菌盖又叫菇盖、菌伞、菌帽，是菌褶着生的地方，是主要的繁殖器官，也是人们食用的主要部分。菌盖边缘的形状，幼时和成熟时完全不同，有的全缘或开裂，有的边缘内褶或外翻、内卷或外卷等。菌盖的质地有肉质（双孢蘑菇）、胶质（木耳）、木栓质（灵芝）、革质（革菌）、海绵质（鬼笔）、膜质（皮伞）、蜡质（蜡伞）等。菌盖的直径大小不等，一般人们把菌盖直径在 6 cm 以下的称作小型菌类；6～10 cm 的为中型菌类；10 cm 以上的称为大型菌类。

伞菌菌盖的结构由表皮、菌肉、菌褶和菌管组成。不同的食用菌，种类不同，形状有所区别，以成熟时为标准，大致有伞形、圆形、半圆形、圆锥、卵圆形、钟形、半球形、斗笠形、匙形、扇形、漏斗形、喇叭形、圆筒形、马鞍形等（图 1-2）。在自然界中，菌盖的形状不仅因种类而异，即使是同一种食用菌因成熟阶段的不同，形状也不同，如臭黄菇（*Rssula foetens*），幼时半球形，成熟后呈浅漏斗形。

菌盖的表皮层由菌丝组成，菌丝里含有不同的色素，因而菌盖表面可以呈现不同的颜色，如灵芝为紫红色、香菇为褐色、青头菌为绿色。菌盖表面有的光滑，有的具皱纹、条纹或皲裂；有的干燥，有的湿润、水浸状、黏滑或胶黏；还有的表面粗糙具纤毛状、丛毛状鳞片或呈粉末状。鹅膏属的不少种类在发育过程中，外菌幕残留在菌盖表面而形成角锥形、疣状或块状鳞片。鳞片的有无及形状可作为分类依据。

菌盖最下层呈辐射状排列的叶形薄片叫菌褶。菌褶是由菌肉菌丝向下生长形成的。菌褶有宽形、窄形、披针形及三角形等之分；褶片有长短一致的、长短相间及分叉的、有具横脉或交织成网的；菌褶的边缘有全缘、波状及锯齿状等。裂褶菌的

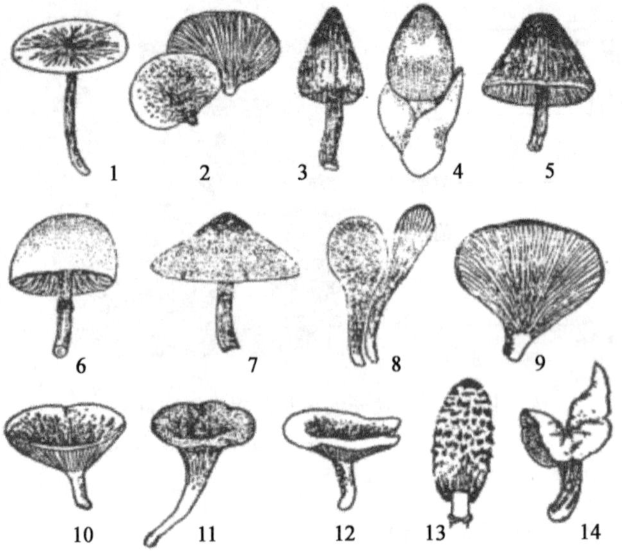

图 1-2　子实体菌盖的形状特征

1.圆形　2.半圆形　3.圆锥形　4.卵圆形　5.钟形　6.半球形　7.斗笠形　8.匙形　9.扇形　10.漏斗形　11.喇叭形　12.浅漏斗形　13.圆筒形　14.马鞍形

（引自：牛西午.北方食用菌栽培，1994）

菌褶则沿菌褶裂为二，且两缘彼此向相反方向外卷。

牛肝菌、多孔菌相当于菌褶的部分变成管状，称为菌管。猴头等大多数齿菌相当于菌褶的部分则变为刺状，称为菌刺。菌褶的两侧，菌管的内周壁或菌刺的周围是着生子实层和产生孢子的地方，故将菌褶、菌管和菌刺又都叫子实层体。

菌褶的颜色，除多汁乳菇等少数种外，一般都是由孢子的颜色造成的。野外采集后的成熟菌盖放在白纸上一段时间后，可获得孢子印迹，作为分类的辅助依据。

2.菌柄

菌柄是菌盖的支撑部分，除胶质菌和腹菌等少数种类外，多数食用菌都具有菌柄结构。菌柄形状、长短、质地因种类而异。菌柄的形状一般有圆柱形、棒形、纺锤形等，直立或弯曲，或分枝，或基部膨大。菌柄的质地通常为肉质，有的为纤维质、脆骨质或半革质、革质等。此外，菌柄的表面有的光滑，有的被绒毛、鳞片，有的菌柄上有条纹或网纹。菌柄内部有的松软或空心；有的是实心；还有些种类随着菇体的不断生长，菌柄内部由实心变为空心。菌柄的实心或空心，光滑或具鳞片、条纹等都是食用菌分类上的重要依据。

菌柄在菌盖上的着生位置典型地分为三种：一是中生，菌柄着生于菌盖的中央，如双孢蘑菇、草菇、金针菇等。二是偏生，菌柄着生于菌盖的偏心处，如香菇等。三是侧生，菌柄着生于菌盖的一侧，如侧耳等。但侧耳或其他一些菌柄侧生的食用菌从树干侧面长出时，往往没有菌柄或菌柄不明显。

菌柄与菌褶的着生关系(图 1-3)也常是分类的特征之一。一般可分为以下 4 种类型：

离生，又叫游生，菌褶内端不与菌柄接触而形成一个游离的菌柄环，如蘑菇属、草菇属等。

直生，又名贴生，菌褶内端呈直角状着生在菌柄上，如鳞伞属等。

延生，菌褶内端沿菌柄下延，如杯伞属、侧耳属等。

弯生，又叫凹生，菌褶内侧与菌柄着生处呈一弯曲，如口蘑、香菇等。

图 1-3 菌柄与菌褶的着生关系

1. 离生 2. 直生 3. 延生 4. 弯生

3. 菌环、菌托

双孢蘑菇、口蘑、大肥菇等食用菌，其子实体常被一种菌幕包被，在菌盖展开后，菌幕便部分地残留在菌柄上。将内菌幕残留在菌柄上的环状物叫菌环，外菌幕遗留在菌柄基部的袋状或环状物称为菌托。菌环的大小、薄厚、质地、单层或双层、向性(图 1-4)等都是分类特征。菌托的形状也有苞叶状、鞘状、鳞茎状、杯状及颗粒状等(图 1-5)。

图 1-4 菌环向性和位置

1. 向上 2. 向下 3. 上位 4. 中位 5. 下位

(引自：黄年来. 18 种珍稀美味食用菌栽培，1996)

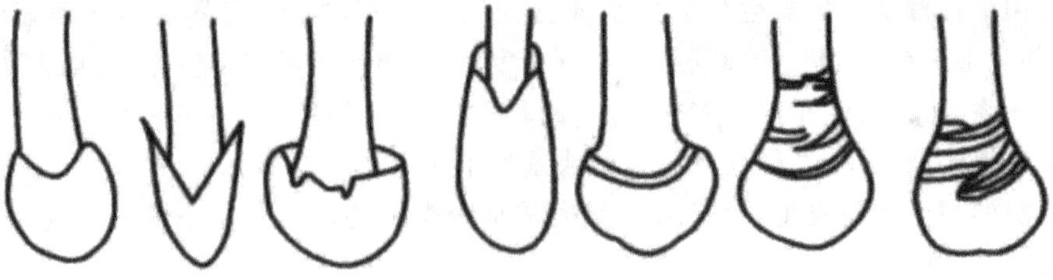

图 1-5　菌托的形状特征

1.鳞茎状　2.裂片状　3.杯状　4.鞘状　5.近球形　6.具环鳞茎状　7.具鳞片环

(引自:黄年来.18 种珍稀美味食用菌栽培,1996)

(三)子实体的微观结构特征

1.菌肉

位于菌盖皮层下的松软组织叫菌肉,也叫菌髓。菌肉的结构因食用菌的种类不同而不同,是食用菌分类的依据之一。菌肉是由生殖菌丝和联络菌丝组成的密丝组织。这些菌丝细胞各自分离,有的呈泡囊状,有的呈丝状。生殖菌丝是构成菌肉的主要菌丝类型,比联络菌丝宽而直,不断生长,为无限菌丝,分隔多,分隔处明显缢缩;而联络菌丝生长有限,分隔少,常有大量或不规则的分枝。菌肉的构造中通常全为丝状菌丝。而红菇属的某些种,菌肉菌丝中很多分枝的细胞特化成膨大的泡囊结构,具有大量泡囊的子实体就比较松脆、易碎,用组织分离法难以得到菌种;乳菇属的菌肉中还有产乳菌丝,也叫分泌菌丝,其内含有乳汁或油滴。

2.子实层

子实层是担子菌或子囊菌的繁殖器官。

子囊菌的子实层由子囊和侧丝构成。羊肚菌子实层平铺于菌盖的凹穴表面而棱上没有。侧丝失去产孢功能,与担子同一来源,但形态上一般比担子短而宽。

担子菌的子实层比子囊菌要复杂,主要有担子、担孢子、囊状体,有的还有侧丝。大多数担子菌的子实层位于菌褶两侧,但牛肝菌位于菌管内壁,喇叭菌平铺于菌盖外侧,猴头菌平铺于各个肉刺上,珊瑚菌分布于全部分枝表面。囊状体也是一种没有生殖能力的器官,大型,突出于子实层之上,形状不一:有的简单,有的分枝,有色或无色,顶端钝圆或尖状。侧丝或囊状体都是由菌丝发育而成的辅助物,是不育的,其作用可能与孢子的成熟有关。

由于菌褶或菌管与菌肉是相连的，因此，子实层实际上是由菌盖内的菌肉菌丝向下生长形成的产孢的组织，是菌肉的组成部分。最靠近菌肉两侧的菌丝生长成为狭长、分枝多的紧密区，称为下子实层，由下子实层向外再产生栅状排列的担子或囊状体，由这些担子或囊状体组成子实层。因此，可以认为子实层便是菌褶两侧的表生覆盖物。担子、担孢子、囊状体的形态特征是分类的重要依据。

(1)担子及担孢子　担子是担子菌子实层的能育部分，是由菌丝顶端细胞分化而成的。担子整齐排列成栅状，其上着生担孢子。担子有分隔和不分隔两大类，不分隔的担子，有筒状(如伞菌)和二叉状(如花耳)，一般多呈棒状，顶端一般有4个小梗，各生1个孢子，有的有2个小梗和2个孢子。有隔担子分具横隔的担子和具纵隔的担子。银耳类的担子具有纵隔，即纵隔为4个部分，顶端生有4个孢子；而黑木耳类的担子具有横隔，分4节，倾斜伸出4个小梗和生有4个孢子。

①无隔担子　构成菌褶组织的双核菌丝顶端细胞，经核配和减数分裂成熟后，仍然是圆筒形或棒状的单细胞，没有隔膜，在担子顶端生出4个小梗，每个小梗上形成一个担孢子。如四孢蘑菇等。

②叉担子　担子不分隔，幼时棍棒状，成熟时上部呈二叉状形成两个长臂，每个臂先端成一小尖并生长1个担孢子。这二叉状担子称为叉担子，因其形似音叉，故又称音叉形担子。典型的担子只产生2个担孢子。因减数分裂产生的4个子核，2个早期退化，只剩下2个有功能的核。如桂花耳等。

③横隔担子　通过锁状联合形成的双核菌丝，其顶端细胞首先形成柱状的幼担子，核配后经第一次减数分裂后产生1个分隔，经第二次减数分裂后又产生2个分隔，使成熟担子成为4个细胞，每个细胞上形成一小梗，每个小梗顶端着生1个担孢子，如木耳等。

④纵隔担子　双核菌丝顶端细胞形成的幼年担子称为原担子，核配后，减数分裂仍在此进行，原来呈球形、卵形、梨形或棒状的单细胞原担子长大且十字形纵分隔成4个细胞，横切面呈"田"字形。每个细胞的顶部生出一个长的管状物，称为上担子，其尖端小而尖称为小尖，小尖担负着担孢子的形成和掷射作用。此时已纵裂长大的担子称作下担子，如银耳等。

担孢子是担子上产生的外生孢子，一个担子上一般为4个。其发生过程是：双核菌丝顶端细胞逐渐膨大，基部出现一个大液泡。担子内二核结合，经减数分裂产生4个单倍体的核，担子顶端生出个小梗，小梗顶端膨大成幼担孢子。4个单倍体的核通过小梗进入幼担孢子内，最后产生4个单细胞、单核、单倍体的孢子。但珊瑚菌科的某些种只产生2个担孢子，双孢蘑菇一般则产生2个担孢子，另外尚有1个、3个或5个、6个担孢子的异常情况。

担孢子的形状有圆形、卵圆形、球形、圆柱形、肾形、多角形等。

(2)子囊及子囊孢子　子囊是子囊菌子实层的能育部分。子囊孢子是在子囊中产生的内生孢子,一般为2～8个。其形成过程是:两个单核细胞交配后,经质配形成双核细胞的产囊菌丝。由产囊菌丝顶端的双核细胞伸长和弯曲成为一种钩状体,双核并列,形成4个子核,其中二核移到钩头,一核位于钩尖,另一核位于钩柄。然后钩头、钩尖和钩柄之间各生横壁,将钩状体分成3个细胞。钩尖、钩柄各一核,钩头细胞二核,此双核细胞即为子囊母细胞。母细胞伸长和双核进行核配后发育成子囊。子囊中的双倍体细胞核,经减数分裂形成4个单倍体细胞核,再经一次有丝分裂形成8个细胞核,此后每个核周围的细胞质与子囊中其余细胞质分离,并形成细胞壁,便成为8个子囊孢子。

(3)孢子的形态与释放　食用菌孢子是食用菌抵抗逆境环境、繁衍后代的细胞,包括无性孢子和有性孢子两类。食用菌的无性孢子并不发达,以有性孢子为主。孢子多是无色透明的,但当大量孢子成堆时便会呈现出特有的颜色。因此,孢子印迹常作为鉴别种类的重要依据之一。例如,侧耳属中的糙皮侧耳的孢子印迹为白色,而美味侧耳的孢子印迹为淡紫色。孢子大小为(5～10) $\mu m \times (3\sim8)$ μm。

担孢子的释放过程是非常复杂的。食用菌中除马勃、秃马勃等腹菌类外,大多数担子菌的担孢子为掷孢子。当担孢子即将发射之前,在孢子和小梗连接处的近轴一侧出现一个微小的发射结构,称为脐侧附胞,该结构可在几秒钟内迅速膨大到最大体积,随后将担孢子猛烈掷出。

块菌埋生于地下,子囊不规则地散布于组织圈内,不外露,子囊不能猛烈地弹射其孢子,但可通过子实体成熟时散发出的特殊气味引诱动物取食完成其孢子的释放。羊肚菌子实层中的子囊可随着它的向光性生长而弯曲,这样可使孢子向外发射;此外,还发现羊肚菌的子囊孢子发射时与子囊大量吸水,膨压增加,导致子囊破裂有关。

三、子实体的发育类型

(一)子囊果发育类型

(1)闭囊壳　子囊被包在一个球形无孔的子囊果中。闭囊壳呈球状,完全封闭无孔口,外表有种种形态的附属丝,内生子囊。成熟时闭囊壳破裂或腐烂,散出子囊孢子。

(2)子囊壳　呈瓶状或囊状,其顶端开口的子囊果叫子囊壳。在子囊壳内部基部有子囊孢子和侧丝。

(3)子囊盘　呈盘状、碗状或漏斗状,顶部敞开的叫子囊盘。

(4)子囊腔　子囊座内着生子囊的腔。

(二)担子果发育类型

(1)裸果型　子实层始终裸露于外,无任何组织包裹,如耳类中的木耳、银耳等,非褶菌类的灰树花、灵芝等,伞菌类的平菇、红菇等。

(2)被果型　子实层被包在子实体内,孢子在担子果分解或受外力破裂时才释放出来。如腹菌中的马勃、鬼笔等。

(3)假被果型　开始子实层的形成是外生的、裸果型的,接着幼小菌盖的边缘向菌柄内侧弯曲或幼菇菌柄上部向外扩展,子实层被包围,形成被果型,但担子果成熟时,菌柄伸长,子实层又外露,这种担子果的发育类型称为假被果型,如蜡伞科、红菇科、牛肝菌科中的部分菌类都属此类。

(4)半被果型　子实层幼时被菌幕所覆盖,成熟后全部裸露于外,如蘑菇科、光柄菇科的菌类。属此型的担子果从幼时就被封闭,但孢子成熟时子实层又裸露,如光柄菇科中的草菇属、小苞脚菇属的伞菌,从原基到菌蛋一直由外菌幕包裹着;蘑菇科中的蘑菇属、环柄菇属的伞菌,幼时在菌盖和菌柄间由内菌幕包裹着;而鹅膏菌科的鹅膏菌属的伞菌既有内菌幕又有外菌幕包裹着。这些伞菌一旦担子果发育成熟,菌盖张开,子实层就会外露,所以这些伞菌的担子果发育类型既不同于裸果型,又不同于子实层永不外露的被果型。

第二节　食用菌的生活史

食用菌的生活史是指食用菌由孢子萌发后,经生长发育又形成孢子的循环过程。其完整的生活史包括无性生活史和有性生活史,但通常所说的生活史是指有性生活史,即从有性孢子(担孢子或子囊孢子)萌发开始,经单、双核菌丝形成及双核菌丝的生长发育直到形成子实体,产生新一代有性孢子的整个生活周期。层菌纲食用菌的生活史是由以下几个阶段组成的。

一、担孢子萌发成单核菌丝体

担孢子萌发即生活史开始。即子实体成熟后散落的孢子在适宜的条件下,可直接萌发,长出芽管,芽管多次进行核分裂,核集中在芽管顶端,后沿细胞壁分布,随原生质流动而运动,继而产生横隔,将细胞核分开,形成有隔单核菌丝,即初生菌丝,简称单核菌丝。

单核菌丝在培养基表面蔓延生长，可形成网状菌丝体。有的食用菌的单核菌丝遇到不良环境条件，菌丝中的某些细胞可形成厚垣孢子，当条件适宜时又继续萌发形成单核菌丝。双孢蘑菇的担孢子含有 2 个核，菌丝从萌发开始就是双核的，无单核菌丝阶段。

二、通过质配形成双核菌丝体

当单核菌丝发育到一定的阶段时，可亲和的单核菌丝之间进行质配，可使细胞双核化，形成双核菌丝。双核菌丝是担子菌类食用菌营养菌丝存在的主要形式。

食用菌的营养生长主要是双核菌丝的生长。固体培养时双核菌丝通过分枝不断蔓延伸展，逐渐长满基质；液体培养时形成菌丝球，将基质的营养物质转化为自身的养分，并在体内积累，为日后繁殖做好物质准备。

不同食用菌在两条单核菌丝质配成双核菌丝时，有下列 2 种不同类型。

（一）同宗配合

同宗配合是指质配发生在同一个孢子萌发的两条单核菌丝之间，又称自交亲和或自交可育。可分为如下几种。

（1）初级同宗配合　是指来自一个减数分裂的单核菌丝，不需经过异体菌丝的融合，就可发生双核化，这两个核无遗传上的差异，形成子实体。草菇即属于这一类型。据张树庭教授试验证明，草菇有性繁殖中，76%是同宗结合，24%是异宗结合。如草菇担孢子萌发的菌丝，或是自身发育或与其他菌丝结合，均可形成子实体。

（2）次级同宗配合　属于这一类结合的食用菌，每个担子上只有 2 个异核担孢子，萌发的菌丝体为双核菌丝体，不需要进行交配就可以完成其生活史。如双孢蘑菇就属于这一类型，其担孢子含有 2 个核，萌发后，自身发育就可形成子实体。

（二）异宗配合

绝大多数食用菌的担孢子或单核菌丝有“雌”“雄”性之分（常用“＋”“－”表示）。其性别是由遗传因子性基因决定的，只有异性的单核菌丝，才能质配成双核菌丝，从而完成其有性繁殖过程；而同性别的菌丝永不亲和，也不产生有性孢子，这种现象称异宗配合，也称自交不育。这种性别由一对或两对因子控制，即异宗配合有二极性和四极性两种类型（表 2-1）。

（1）二极性　二极性食用菌的性别，由一对遗传因子（A－a）所控制，这类食用菌所产生的担孢子以及由担孢子萌发的初生菌丝，不是 A 型，就是 a 型，四个孢子分属两种类型，即两个是 A，两个是 a，两两相等，称为二极性。在二极性的食用菌中，单核菌丝的质配，只有组成 Aa 时，才能出现正常的锁状联合，形成双核菌丝体，最后发育成子实体。如果各担孢子萌发的单核菌丝，让其随机配对，可育率可达 50%。黑木耳、滑菇等属于二极性菌类。

(2)四极性　大部分食用菌的性别是由两对独立分离的遗传因子(A－a 和 B－b) 所控制。四个担孢子的性基因，分别是 AB、Ab、aB、ab 四种类型，近似四种性别，称为四极性。属于四极性初生菌丝，只有 AaBb 的组合才是可育的。香菇、金针菇、平菇、银耳、裂褶菌等即属异宗配合，双因子控制，四极性菌类。

表 2-1　二极性、四极性结合的情况

二极性					四极性				
孢子性质	A	A	a	a	孢子性质	AB	Ab	aB	ab
A	S	S	F	F	AB	S	S	S	F
A	S	S	F	F	Ab	S	S	F	S
a	F	F	S	S	aB	S	F	S	S
a	F	F	S	S	aB	F	S	S	S

注：F (fertile) 表示两者可育；S(sterile)表示两者不亲和。

大部分异宗配合食用菌的性结合属四极性，约占整个食用菌的 57%，属于二极性的食用菌约占 33%。其余 10%的食用菌，则属于同宗结合型。

双核菌丝可以独立无限地进行繁殖。有的食用菌的双核菌丝还可形成无性孢子，如银耳能形成芽孢子、节孢子，香菇、草菇能形成厚垣孢子，毛柄金钱菌能形成分生孢子。这些无性孢子在环境条件适宜时，又能萌发成双核菌丝或单核菌丝(由无性的单核孢子萌发)。

研究食用菌菌丝的性别在生产上十分重要。属于同宗配合的食用菌，它的单个孢子萌发成的菌丝自交可孕，可以用单孢子分离法选育优良品种。但属于异宗配合的则不能，因为对于这些食用菌来说，单个孢子萌发形成的菌丝自交不孕，仅靠单孢子萌发的菌丝体不能形成正常的子实体，只有两种不同交配型的单核菌丝体结合形成的异核双核菌丝才具有结实性。因此，杂交选育的菌种，必须进行出菇实验，方可用于生产。应当指出，即使同宗配合的种类，也不是任何一个单孢分离物都具有出菇能力。因此，同宗配合类的单孢分离物也必须经出菇实验和各项测定后，才能用于生产。

各种食用菌的有性生殖过程，由于控制基因的不同亦有差异，草菇为初级同宗配合；双孢蘑菇为次级同宗结合；大肥菇、木耳为二级异宗结合；平菇、香菇、金针菇为四级异宗结合。

三、三次菌丝体

双核菌丝体进一步发育，在适宜条件下，便产生有组织分化的子实体。这些已组织化的双核菌丝体称为三次菌丝体（或结实性双核菌丝体）。在子实体发育成熟时，子实层中的部分细胞在双核菌丝末端发育成棒状的担子。

四、食用菌生活史

以减数分裂为开始的，同核的单倍体阶段即单倍核期；以质配开始的异核双核阶段，即异核期；以核配开始的，短暂的单核双倍体阶段，即双核期。

食用菌（担子菌亚门）生活史的特点：单倍体期短，异核期极长，从营养菌丝生长到子实体形成，菌丝都处于异核的双核阶段；单核双倍期极短，仅出现在核配之后到减数分裂之前的短暂时期。

第三章　食用菌的生长发育条件

第一节　食用菌生长发育的营养条件

一、食用菌的营养类型

食用菌在整个生长过程中需要通过菌丝细胞表面的渗透作用，从周围基质中摄取一定的营养物质，是异养型生物，根据自然状态下的营养方式，可以将其分为腐生、寄生和共生三种类型。

(一)腐生型食用菌

大部分食用菌属此类，这类食用菌能够分泌各种胞外酶和胞内酶，能够分解已经死亡的植物体以及无生活力的有机体，从中吸收养料。根据腐生型食用菌所适宜分解的植物和生活环境的差异，可分为木生型、土生型、粪草生型三个生态群。

1. 木生型食用菌

主要生长在枯立木、倒木、树桩及断枝上，其菌丝体可以分解利用纤维素和木质素，常使树木呈现白色或褐色腐朽。不同的食用菌对树种的适应性也不同，多数食用菌适应面很广，如侧耳属、香菇属、木耳属、猴头菌属、革耳属等以及多孔菌的绝大多数都是木生的。

(1) 白腐菌　菌丝从枯死树木的纹孔进入组织内，然后在其中分枝生长、分泌氧化酶，分解木质三次生壁等，使细胞壁逐渐变薄而引起木材白腐，形成白色海绵状纤维。引起白腐的真菌多数属于担子菌，少数为子囊菌，如多孔菌、革菌等。

(2) 褐腐菌　菌丝主要是腐蚀纤维素和半纤维素，使木材颜色变深。菌丝仅能分解剥蚀纤维素结构，对木质素分解的能力相对较差，因而细胞的木质素骨架依然残存，细胞壁并不变薄，但抗拉强度则很弱，被蚀木材容易粉碎，有的褐腐菌还兼具木质素解聚力，从而使木材较自腐更易腐烂。褐腐菌多属非褶菌类，如多孔菌、齿菌等。

2. 土生型食用菌

包括大量的以土壤和地表腐殖质层与基质的种类(不含菌根菌),如羊肚菌属(*Morchella*)、粉褶菌科(Entolomataceae)、蜡伞科(Hygrophoraceae)、鬼伞属(*Coprinus*)、环柄菇属(*Lepiota*)、铦囊菌属(*Melanoleuca*)和蘑菇属(*Agaricus*)的一些种类。它们有特定的生长场所,绝大多数种类生长在郁闭度不大,木本、草本植物稀少的各种森林中的地上,尤以针叶林、针阔混交林中居多。口蘑、马勃多生于牧场草地上。毛头鬼伞多生长在肥沃的耕地旁,鬼笔多生在庭院、农舍林中。这类菇具有适应性强、分布广的特点。

3. 粪草生型食用菌

以牲畜粪便、腐熟堆肥、厩肥、腐烂草堆、有机废料或垃圾为基质的种类,如草菇多生于烂草堆上,粪鬼伞多生于粪堆上,另外,该类群中的有毒菌较多,如斑褶菇属(*Panaeolus*)和裸盖菇属(*Psilocybe*)的一些种均有毒。

(二)寄生型食用菌

寄生型食用菌是寄生在活的有机体上,完全从活着的寄主细胞中吸取养分而生长发育,如中华虫草。食用菌中,整个生活史都是营寄生生活的非常稀少,多是在生活史的某个阶段营寄生生活,而其他时期则营腐生生活,为兼性寄生。它们既可以在枯枝、禾草上生长,又能寄生于活的植物体上。如冬虫夏草,这里的"虫"是指鳞翅目蝙蝠蛾科的幼虫体(寄主),"草"是指子囊菌类虫草属的种(虫草菌)。虫草侵染寄主(虫),从寄主体内吸收养分,并在寄主体内生长繁殖使寄主死亡,在适宜的条件下从虫体头部长出子座(草),形成虫草复合体。又如蜜环菌,初期可以在枯木上繁殖生长,后期又能侵入到天麻等植物的根内营寄生生活。多数层孔菌都是寄生性菌类,它们都是从基质中摄取碳源、氮源、无机盐和维生素等营养物质而完成其生长发育过程。

(三)共生型食用菌

这类食用菌不能独自在枯枝宿木上生长。它们需要与高等植物、昆虫、原生动物或其他菌类相互依存、互利共生。由于植物和这些食用菌在营养上彼此有益,因此称为共生菌。如菌根菌就是菌类共生的代表,大多数森林蘑菇都是这种菌根菌。菇类菌丝能包围在树木根毛的外围形成柔膜组织,称为外生菌根,一部分菌丝可延伸到森林落叶层 50 cm 处,能帮助树木吸收土壤中的水分和养料,并能分泌激素刺激植物根系生长;树木则能为菌根菌提供光合作用所合成的碳水化合物。块菌科、牛肝菌科、口蘑科、红菇科、鹅膏菌科的许多种类都是菌根菌。在热带和亚热带有近百种蚂蚁能栽培蘑菇，这是昆虫与菌类共生的一种自然现象。我国的鸡枞菌就是与白蚁共生的食用菌。此外，高等真菌之间也存在共生现象，如金耳的子实体就是金耳与粗毛硬革菌所构成的复合体。

二、食用菌生长发育的营养物质及代谢

食用菌的营养方式虽然有多种，但其从外界获取的营养成分基本相似。据化学分析，食用菌干物质中主要有蛋白质、碳水化合物、矿物质、脂类等。从食用菌干物质中所含元素来看，碳、氢、氧、氮四种元素占 90%～97%，其余为灰分元素，含量较多的必需元素依次为磷、钙、镁、硫、钾等，还有少量铁、钴、锰等矿质元素。

（一）碳源及代谢

碳源是指供食用菌生长发育的碳素的主要能量来源。其作用是构成细胞的结构物质和供给生长发育所需要的能量。食用菌从外界获得的碳素约 20%用于合成细胞物质，80%用于能量消耗。食用菌能利用的碳源是指光合作用形成的有机碳化合物，如纤维素、半纤维素、木质素、淀粉、果胶质、双糖、单糖、有机酸、醇等。

食用菌对营养物质的摄取是靠菌丝细胞的吸收作用，只有能透过细胞膜的低分子量物质才能被吸收。单糖、有机酸、醇等小分子化合物是通过细胞膜的主动吸收进入细胞内，但需要消耗一定的能量。对于复杂的大分子物质，如纤维素、木质素等需要分解后才能被吸收利用。如生长在枯树或落叶中的菌丝体靠自身产生的胞外酶（纤维素酶、木质素酶），将复杂的大分子有机物分解成简单的能被吸收的小分子，然后吸收供菌丝细胞利用。

葡萄糖是最广泛被利用的单糖。食用菌在以葡萄糖为主要原料的培养基上迅速生长，无适应期。果糖、甘露糖是仅次于葡萄糖的单糖，乳糖较差。双糖如麦芽糖、蔗糖是易同化的碳源，它们在相应酶的作用下可以被水解吸收。有时双糖可完整地被吸收到细胞中去，海藻糖是真菌中分布最广泛的双糖，作为储存的碳素营养，在需要时可分解成二分子葡萄糖被利用。

淀粉在酸的作用下可水解为葡萄糖，在淀粉酶的作用下可水解成麦芽糖及少量糊精。这些物质都是菌丝容易吸收利用的营养物质。但在吸收利用的过程中往往会产生有机酸，有机酸过多会影响菌丝的生长。

纤维素是植物细胞壁的重要成分，菌丝对纤维素的分解是通过细胞分泌纤维素酶的作用下进行的。半纤维素比纤维素易分解，它是由葡萄糖、乳糖、甘露糖、阿拉伯糖、木糖以及糖醛酸混合而成的杂聚物，需由菌丝分泌的半纤维素胞外酶水解

后才可利用。木质素成分比较复杂,它是由一个或多个苯酚丙烷单体所组成,需由菌丝分泌的酚氧化酶降解为小分子化合物后才能被吸收,如香菇、平菇降解木质素能力较强。

食用菌对碳素的营养需求,在不同生长发育阶段有明显变化。据研究,葡萄糖、麦芽糖有利于营养菌丝的生长;而蔗糖、果糖、淀粉、纤维素有利于子实体的形成;双糖、多糖都比单糖更有利于原基分化。

植物残体中含有丰富的纤维素、半纤维素、木质素和果胶等物质。例如,在植物的木质部含有50%以上的纤维素,在韧皮部中纤维素的含量更高。一年生植物中半纤维素常占干重的20%左右。果胶在植物残体干物质中占15%~30%。因此,树木和农作物秸秆等,是食用菌的良好碳源。不过,树木和秸秆中的高分子碳化合物,含量虽多,但因分解较慢,不能满足菌丝生长的需要。为了促使菌丝生长迅速,最好在木屑、秸秆粉等培养料中,适量地加入蔗糖等容易利用的小分子碳化合物,作为食用菌培养初期的补充碳源,同时还可诱导纤维素酶的产生。但这种补充碳源的浓度以0.5%~5%为宜,过高反而会抑制菌丝生长。

(二)氮源及代谢

氮素是食用菌最重要的营养素之一,也是食用菌合成蛋白质和核酸所必不可少的主要原料。提供食用菌生长发育所需氮素来源的营养物质称为氮源,也可分为有机氮化合物和无机氮化合物两类。无机氮,常见的有铵盐和硝酸盐,多数食用菌虽能利用,但效果不好,因此主要利用有机氮,如蛋白质、蛋白胨、尿素、氨基酸等。食用菌菌丝可以直接吸收氨基酸和尿素等小分子有机氮,而蛋白质属于高分子有机氮,菌丝不能直接吸收,必须经菌体分泌的蛋白酶分解成氨基酸后才能吸收利用。

尿素作为多数食用菌的重要氮源,可以在脲酶作用下分解为二氧化碳和氨,尿素经高温后易分解,放出氨和氢氰酸,可以导致培养基的酸性降低,产生的氨危害食用菌的生长。因此,通常在熟料培养时培养料中不宜添加尿素,生料或发酵料栽培时可以添加,但注意浓度应控制在0.1%~0.5%,以免氨对菌丝产生危害。

氨基酸及多肽等有机氮比无机氮有利于菌丝的生长,其原因是有机氮还可以作为碳源供菌丝利用,促使营养平衡和物质转化。食用菌在利用蛋白胨及多肽时,会受到膜的限制,需要分泌胞外水解酶,进行分解后才能吸收利用。

食用菌在菌丝生长阶段和子实体发育阶段对环境中氮素营养有不同的需求。一般菌丝营养阶段,培养基中的含氮量以0.016%~0.064%为宜。含氮量低时,菌丝生长即受阻碍,在子实体发育阶段,培养基中的含氮量宜在0.016%~

0.032%之间,高浓度的氮反而会抑制子实体的发生和生长。另外,碳源浓度对食用菌的氮源利用影响很大,如果同时提高碳源浓度,抑制就会缓和。因此,碳素和氮素的比例(称为碳氮比,即C/N)应适当。一般在营养生长阶段碳氮比20∶1为好,而在生殖生长阶段以(30～40)∶1为宜。

可供利用的有机氮源,有麸皮、豆饼、谷糠、棉籽饼、蚕蛹,以及酵母液、玉米浆和多种禽、畜粪便等。

(三)矿质元素

矿质元素是构成细胞和酶的成分,并调节细胞和环境的渗透压。根据食用菌对矿质元素需求量的大小,可分为常量元素和微量元素。磷、钾、硫、钙、镁为常量元素,在食用菌生产中,可向培养料中加适量的磷酸二氢钾、石膏、硫酸镁来满足食用菌的需求。微量元素包括硼、铁、钼、钴、锰等,在培养基中的浓度一般为1×10^{-6}。在生产中添加石膏1%～3%、过磷酸钙1%～5%、碳酸钙1%～3%、硫酸镁0.5%～1%、草木灰等给予补充。石膏、过磷酸钙等还有调节培养料酸碱度的作用。

食用菌可以吸收这些元素的盐类,无论缺少常量元素,还是缺少微量元素,食用菌的生命活动都会降低,甚至不生长。但过量微量元素对食用菌生长有毒害作用。

(四)生长因子

大量实验表明,加入少量的生长因子可增加食用菌的产量。维生素、核酸、碱基、氨基酸、植物激素等生长因子是一类微量有机物。这类物质用量虽然微量,但作用很大,维生素类物质主要起辅酶作用,生长因子对食用菌的生长发育具有良好的促进作用。食用菌发育必须有维生素B_1,可食用菌自身不能合成,因此,在培养基中加入0.01～0.1 mg/L就能补充食用菌的生长需要。一般天然培养基或半合成培养基使用的马铃薯、酵母粉、麸皮、麦芽汁、米糠等都可以提供足量的生长因子,通常不需另外添加。

第二节　食用菌生长发育的环境条件

一、温度

食用菌生长受温度的影响。它直接影响食用菌生长的快、慢或死亡。只有适宜的温度条件下，酶活性高，可以促进菌丝快速生长。

(1)根据食用菌菌丝所需的最适温度，可把它们分为以下三大类。

低温型：最适温度 24～28℃，最高温度 30℃，如金针菇、滑菇、松菇。

中温型：最适温度 24～30℃，最高温度 32～34℃，如香菇、蘑菇、银耳、黑木耳。

高温型：最适温度 28～34℃，最高温度 36℃，如草菇、茯苓、金顶侧耳等。

(2)根据子实体分化和温度的关系，可把食用菌分为以下三个类型。

低温型：子实体分化的适宜温度为 13～18℃，最高不超过 24℃，最适在 20℃以下，如香菇、金针菇、蘑菇、滑菇、紫孢平菇、猴头菌。

中温型：子实体分化的适宜温度为 20～24℃，最高可达 30℃以上，如草菇、凤尾菇、鲍鱼菇。

高温型：子实体分化的适宜温度为 20～30℃，最高温度 32℃以上，最适温度 24℃以上，如灵芝、黄自侧耳、草菇、鲍鱼菇、棘托竹荪等。

一般说来，子实体发育最适温度低于比菌丝体生长的最适温度。

(3)根据温度变化与子实体生长发育的关系，可把食用菌分为以下两个类型。

恒温结实性，即保持恒温，就可以形成子实体，如金针菇、蘑菇、猴头、黑木耳、草菇。

变温结实性，即变化温度才形成子实体；恒温不易形成子实体，如香菇、平菇等。

二、水分和湿度

水分对食用菌的影响相对较大。水不仅是食用菌的重要成分，而且是新陈代谢、吸收养分必需的溶剂。由于水有较高的比热，能有效吸收代谢过程中所释放的热量，不会使菌丝体内温度骤然上升。同时，由于水是热的良导体，有利于散失热量，可以调节菌丝体内外的温度。水分可影响食用菌孢子的萌发和菌丝体的生长。一般来说，培养料含水量要控制在 60%～65%，菌丝生长阶段空气相对湿度要控制在 65%～70%，而子实体生长阶段空气相对湿度要控制在 80%～90%。

三、空气

绝大部分食用菌都是好气性菌类。经常保持食用菌生长场所空气新鲜、氧气充足，是食用菌正常发育生长的重要条件。因为它不能进行光合作用，不能利用二氧化碳。食用菌的呼吸作用是吸收氧气和排出二氧化碳。

不同食用菌的菌丝体生长阶段需氧量及对二氧化碳的反应有所不同。对高浓度的二氧化碳一般都很敏感。例如，蘑菇、草菇只有在空气中二氧化碳含量不超过

0.1%的条件下才能形成子实体，其菌丝在含10%的二氧化碳的条件下生长量只有正常条件下的40%；而平菇对二氧化碳的耐受力则较强，其菌丝在二氧化碳含量高达20%～30%的条件下可以正常生长。除平菇外，其他食用菌在菌丝培养期间都需要有新鲜空气供给，否则会造成氧气不足，菌丝体的生活力会下降，菌丝蔓延缓慢，菌丝体会出现灰白色。即营养生长转入生殖生长时期，对氧的需求量略低。低浓度(0.034%～0.1%)的二氧化碳能诱导子实体原基形成。原基形成后，培养场所需要有充足的新鲜空气。否则，子实体呼吸旺盛会消耗室内大量氧气，增加二氧化碳浓度，从而造成对子实体的毒害(二氧化碳浓度>0.1%)，菇体会出现畸形。

四、光照

食用菌在生长过程中不需要直射光线。直射光线对某些食用菌菌丝生长有抑制作用，但在子实体生长阶段需要一定的散射光照。不同食用菌对光的反应也有差异。如香菇、草菇等食用菌在完全黑暗条件下不形成子实体；银耳、猴头菌在子实体生长阶段要求300～500 lx的散射光，相当于“三阳七阴”的光照；而木耳、灵芝等在子实体生长阶段要求500～1 000 lx的散射光，相当于“四阳六阴”的光照。试验证明，平菇由营养生长转入生殖生长，必须适时地给予散射光并满足其降温要求，才能促使子实体原基分化，缩短生育期，提高产量。有的食用菌甚至连散射光线也不需要，如双孢蘑菇、大肥菇及茯苓等，可以在完全黑暗的情况下完成其生活史。

光线对菌丝生长会产生不良影响，因此在培养菌种时，应避免光照。培养室的光线不宜过强，如果光线较强，可将菌种用纸包扎或遮盖起来。光线还直接影响食用菌子实体的色泽，当光线不足时，草菇是灰白色，黑木耳的色泽淡黄，各种菇的色泽不理想。研究发现蓝光(380～540 nm)和绿光(470～650 nm)对菌丝都有一定的抑制作用；红光及红外光(570～920 nm)对菌丝生长基本无影响。因此，冬天可用红外光取暖器升温及菌种室保温。

五、酸碱度(pH)

pH值是影响食用菌新陈代谢的重要因素。基质中酸碱度的适合与否，直接影响食用菌的生长发育。大多数食用菌喜欢偏酸性环境。菌丝生长的适宜pH为3～8，最适pH为5.0～6.5，大部分食用菌在pH大于7时生长受阻，pH大于7.5时，其菌丝难以生长。少数食用菌喜欢偏碱性环境，如草菇菌丝生长最适pH为7.0～8.0。在配置培养基时，pH要调高一些。在栽培的过程中，由于菌丝的代谢产物有机酸(碳酸和草酸)积累在培养料中,会使培养料逐渐泛酸。菇床上的杂菌和危害食用菌的许多真菌性病害的病原菌,它们最适合在弱酸性的环境下生长。因此,在整个栽培过程中,必须经常注意调节培养料的 pH,防止其下降得太厉害。常用来调节 pH 的是用 2%~3%的碳酸钙乳浊液或 1%~2%石膏粉,还可采用 1%的石灰水清液进行喷射。此外,还可在配制培养基时添加 0.2%的磷酸二氢钾等缓冲物质,使培养基不致因 pH 下降过多而影响菌丝正常生长。

第二篇

常见食用菌品种简介

第一章　侧　耳　科

香菇

【拉丁名】*Lentinus edodes*

【别名】花菇、香蕈、香信、香菌、冬菇、椎茸、栎菌、板栗菌、马桑菌、香皮褶菌。

【归属】层菌纲伞菌目侧耳科香菇属。

【形态特征】子实体中等至稍大，菌盖直径 4～15 cm，最大可达 20 cm，菌盖初期扁半球形，后渐平展，淡褐色、茶褐色至黑褐色，常覆有白色或褐色鳞片，呈辐射状排列，中部的鳞片颜色较深而大，边缘淡而小，有时发生龟裂，边缘初时内卷，后伸展；幼时菌盖边缘有白色至浅褐色毛绒状内菌幕，后期消失。菌肉白色，厚至稍厚，细密。菌褶白色，密，弯生，不等长。菌柄近圆柱形或稍扁，上部白色，下部呈褐色，弯曲，长 3～6 cm，粗 0.5～1.5 cm，菌环白色易消失，菌环以下有纤维状白色鳞片，内部实后期近纤维质。孢子印白色，孢子无色，椭圆形至卵圆形，(4.5～5) μm×(2～2.5) μm。

【地理分布】分布在浙江、福建、台湾、安徽、湖南、湖北、江西、四川、广东、广西、海南、贵州、云南、陕西、甘肃和吉林等地。

【生长环境】秋、冬、春生长于阔叶树倒木上，单生，也有大量群生。

【毒性】可食用，味道鲜美。

【功效作用】中医认为，香菇有益气、治风破血和益胃助食，以及理小便不禁等功效。民间用来助痘疮及麻疹的透发，解食物中毒，治头痛、头晕，以及防治感冒(香菇可抗流感病毒)等。现代医学研究认为，香菇中含有腺嘌呤和胆碱，可预防肝硬化和血管硬化，还含有酪氨酸氧化酶，有降低血压的功效。香菇多糖(lentinan)具有显著的抗肿瘤、抗病毒、抗感染、抗辐射和抗凝血等多种药理活性。

虎皮香菇

【拉丁名】*Lentinus tigrinus*

【别名】斗菇。

【归属】层菌纲伞菌目侧耳科香菇属。

【形态特征】子实体中等至稍大，菌盖半肉质，边缘易开裂，直径 2.5～13 cm，常为圆形，中部脐状至近漏斗形，白色，薄，具香味。柄中生或偏生，有时基部相连，内实，白色，近革质，有细鳞片，长 2～5 cm，粗 0.5～1.5 cm。孢子近圆柱至长椭圆形，无色，(6～8) μm×(2～4) μm。

【地理分布】江苏、浙江、福建、四川、湖南、广东、广西、新疆、云南和贵州等地。

【生长环境】春秋季生长于阔叶树倒木上。

【毒性】幼时可食用。

【功效作用】无记载。

豹皮香菇

【拉丁名】*Lentinus lepideus*

【别名】洁丽香菇、豹皮菇、斗菇、鳞香菇、白香菇。

【归属】层菌纲伞菌目侧耳科香菇属。

【形态特征】子实体一般中等大。菌盖宽 5～15 cm，扁半球形，后渐平展中部稍下凹，或有一中丘，幼时白色，后渐变为淡黄色，有呈同心排列的深褐色平伏斑状或龟裂状鳞片。菌肉厚，白色，致密；菌褶白色，延生，比较宽，稍稀，不等长，褶缘锯齿状。菌柄近圆柱状，较短，偏生，内实而后期呈纤维质或坚硬，菌环以下有明显丛毛状鳞片，长 3～7 cm，粗 0.8～3 cm，近圆柱形且弯曲。孢子印白色。孢子无色透明，光滑，近圆柱状，(8～13) μm×(3.5～5.5) μm。

【地理分布】分布在河北、黑龙江、江苏、安徽、山西、福建、台湾、陕西、云南、新疆和西藏等地。

【生长环境】夏、秋季常生于松树等针叶树的树干及倒木，单生或近丛生。

【毒性】可食用，味美，略有松脂气味，是一种很好的食用菌。

【功效作用】子实体含层孔菌酸(eburicoic acid)，可以合成甾体类药物，其提取物对小白鼠肉瘤 180 和艾氏癌抑制率达 60%以上；是治疗爱迪森氏病等内分泌病的重要药物，也是治疗雄性器官衰退、妇科病、乳腺癌及前列腺癌的辅助药物。

桃红侧耳

【拉丁名】*Pleruotus salmoneostramineus*

【别名】桃红平菇。

【归属】层菌纲伞菌目侧耳科侧耳属。

【形态特征】子实体一般中等大，带红色。菌盖直径 3～14 cm，初期贝壳状或扇形，边缘内卷，伸展后边缘往往呈波状，直径表面有细小绒毛至近光滑，初期粉红色、鲑肉色，后变浅黄土红色至鲑白色。菌肉较薄，带粉红色或近似盖色，稍密，延生，不等长。菌柄一般不明显或很短，长 1～2 cm，被白色绒毛。孢子印带粉红色。孢子光滑，无色，近圆柱形，(6～12) μm×(3～4.5) μm。褶缘囊体近圆柱形，顶端突出或膨大。

【地理分布】分布在东北地区及江西、福建等地。

【生长环境】夏、秋季在阔叶树枯木、倒木、树桩上生长，呈叠生或近丛生。

【毒性】可食用，味道较好。

【功效作用】对痢疾等胃肠疾病有较好的疗效。

黄白侧耳

【拉丁名】*Pleurotus cornucopiae*

【别名】小平菇、美味侧耳。

【归属】层菌纲伞菌目侧耳科侧耳属。

【形态特征】子实体中等至较大。菌盖直径 5～13 cm，初期扁半球形，伸展后基部下凹，光滑，幼时铅灰色，后渐呈灰白至近白色，有时稍带浅褐色，边缘薄、平滑；幼时内卷，后期常呈波状。菌肉白色，稍厚。菌褶宽，稍密，延生而在柄上交织，白色至近白色。柄短，偏生或侧生，内实，光滑，长 2～5 cm，粗 0.6～2.5 cm，往往基部相联。孢子印淡紫色。孢子长方椭圆形，光滑，无色，(7～11) μm×(3.5～4.5) μm。

【地理分布】分布于黑龙江、吉林、河北、山东、江苏、四川、安徽、江西、广西、新疆、云南等地。

【生长环境】春秋季于阔叶树干上近覆瓦状丛生。

【毒性】可食用，味道比较好，是一种大量人工栽培的食用菌。

【功效作用】此菌对小白鼠肉瘤 180 的抑制率为 60%～80%，对艾氏腹水癌的抑制率为 60%～70%。

金顶侧耳

【拉丁名】*Pleurotus citrinopileatus*

【别名】榆黄蘑、金顶蘑、黄冻菌、核桃菌、柳树菌、杨树菌、玉皇蘑、黄金菇。

【归属】层菌纲伞菌目侧耳科侧耳属。

【形态特征】子实体一般中等大。菌盖近漏斗状，直径 3～12 cm，光滑，草黄至金黄色，肉质，边缘初期内卷且有细条纹。菌肉白色。菌褶白色，密，不分叉，狭窄至稍宽，延生，不等长。菌柄偏生，长 2～10 cm，粗 0.5～1.5 cm，内实，白色至淡黄色，基部相连形成一丛。孢子印白色。孢子光滑，无色，圆柱形，(7.5～9.5) μm×(2～4) μm。孢子印白色。

【地理分布】分布黑龙江、吉林、河北、广东、西藏等地，现在野生的产量以东北地区较多。

【生长环境】常见于7～10月间，多生于榆、栎等阔叶树倒木、木桩上，近覆瓦状丛生。

【毒性】可食用，香味浓郁，香甜可口，营养丰富，含有蛋白质、脂肪、碳水化合物以及多种维生素等营养成分。

【功效作用】在药用上有滋补健身、化痰定喘、平肝健胃、降压减脂和抗肿瘤等疗效，有滋补强壮功效，可治疗肾虚阳痿和痢疾。

阿魏侧耳

【拉丁名】*Pleurotus ferulae*

【别名】阿魏蘑。

【归属】层菌纲伞菌目侧耳科侧耳属。

【形态特征】子实体中等至稍大。菌盖直径5～15 cm，初期扁半球形后渐平展，最后靠近基部下凹，扇形，表面光滑，初期褐色后变为污白色，有时龟裂花斑。菌白色，较厚。菌褶延生，稍密，白色后呈淡黄色。菌柄偏生，内部实，白色至污白色，长2～6 cm，粗1～2 cm，向基部渐细。孢子印白色。孢子无色光滑，长方椭圆形至椭圆形，(12～14) μm×(5～6) μm。

【地理分布】目前已知仅分布在我国新疆伊犁、塔城、阿勒泰等地的阿魏分布区。

【生长环境】春季生于阿魏植物的根上，单生或近丛生。

【毒性】味道较好，是一种生于野生中草药阿魏根基部的可食用菌种，具有很高的食用和药用价值，民间有“雪山白灵芝”的美称。

【功效作用】可药用，有消积杀虫作用。对于腹部肿块、肝脾肿大、脘腹冷痛等有治疗效果。超氧化物歧化酶(SOD)含量高于普通蔬菜一倍多，在生命的新陈代谢中具有抗衰老，增强机体免疫力的功效，更难得的是具有抑制肿瘤生长的特殊药用价值。

平菇侧耳

【拉丁名】*Pleurotus ostreatus*

【别名】糙皮侧耳、北风菌、青蘑、桐子蘑、蚝菇、黑牡丹菇、平菇、鲍鱼菇、蚝菌、黄冻菌、北风菌、蚝蜊、秀珍菇、青树窝、平茸、人造口蘑、傍脚菇。

【归属】层菌纲伞菌目侧耳科侧耳属。

【形态特征】子实体大型。菌盖半球形、肾形、喇叭形或扇形至平展，靠近柄部下凹有毛，具后沿，菌盖直径 5～21 cm，白色至灰白色，青灰色，水浸状。菌肉白色，稍厚，有菌香味。菌褶白色，稍密或稍稀，长短不一，延生而在柄上交织。菌柄侧生，短或几乎无柄，内实，白色，长 2～6 cm，粗 1～2 cm，基部常具绒毛，侧生或偏生。孢子光滑，无色，近圆柱状，(7.5～10(11)) μm×(2.5～3.5) μm。孢子印白色，堆积很厚时呈粉红色。

【地理分布】分布于黑龙江、吉林、辽宁、内蒙古、河北、河南、山西、江苏、陕西、四川、福建、台湾、新疆、西藏等地。

【生长环境】秋末至初春的低温季节，常生于杨属、胡桃属、桦树属、赤杨属、七叶树属等阔叶树腐桩或枯木上，有的也生于松属等针叶树的树桩或倒木上，呈覆瓦状丛生。

【毒性】味道鲜美，是我国目前广泛栽培的食用菌之一，无毒。

【功效作用】中医认为平菇性温、味甘。具有追风散寒、舒筋活络、减少胆固醇、降低高血压、预防动脉血管硬化、治疗植物性神经机能紊乱及抗肿瘤等功效。平菇中的蛋白多糖体对癌细胞有很强的抑制作用，能增强机体免疫功能。

粉褶侧耳

【拉丁名】*Pleurotus rhodophyllius*

【别名】红平菇、粉红褶侧耳。

【归属】层菌纲伞菌目侧耳科侧耳属。

【形态特征】子实体一般中等大。菌盖初期扇形或近扇形，边缘内卷，后伸展边缘呈波状，直径 3～14 cm，淡粉红色，表面干燥，光滑，肉质。菌褶淡粉红色，排列较密，与菌柄延生；菌肉较薄，柔软，带粉红色或近似盖色，稍密，延生，不等长。菌柄短，或近无柄，侧生，长 1～2 cm，被白色细绒毛。孢子印白色，孢子光滑，无色，近圆柱形，(7.5～9) μm×(3.5～4) μm。担子有 4 小梗。褶缘囊体近圆柱形，顶端突出或膨大。

【地理分布】分布于东北、福建地区。

【生长环境】夏、秋季，叠生或近丛生于阔叶树枯木、倒木及树桩上。

【毒性】可食用，味道较好。

【功效作用】无。

长柄侧耳

【拉丁名】*Pleurotus spodoleucas*

【别名】灰白侧耳。

【归属】层菌纲伞菌目侧耳科侧耳属。

【形态特征】菌盖圆，扁半球形，后渐平展，直径 3～9 cm，光滑，白色，中部浅黄色。菌肉厚，白色。菌褶白色，稍密至稍稀，延生。柄偏生至近侧生，内实，白色，长 4～11 cm，粗 0.8～1.8 cm。孢子无色，光滑，圆柱形，(8～10.5) μm×(3～4) μm。

【地理分布】分布于吉林、云南等地。

【生长环境】秋季丛生于阔叶树的枯干上。

【毒性】可食用，味道好，可人工栽培，无毒。

【功效作用】无。

盖囊侧耳

【拉丁名】*Pleurotus cystidiosus*

【别名】盖囊菇、台湾平菇、鲍鱼菇、高温平菇、泡囊状侧耳。

【归属】层菌纲伞菌目侧耳科侧耳属。

【形态特征】子实体较大或大型。菌盖直径 7～12(35) cm，扁形至平展脐凸形，灰橙褐色，表面有灰黑褐色小鳞片；且以中部密集呈现烟褐色。菌柄侧生，向下渐细呈假根状，基部有头状黑色孢梗束。孢子近梭形至椭圆形，(9～13.5) μm×(3～4.5) μm。

【地理分布】分布于广东、台湾等地。

【生长环境】夏、秋季生于腐木上。

【毒性】是一种味道较好的食用菌，可人工栽培，无毒。

【功效作用】无。

贝形侧耳

【拉丁名】*Pleurotus porrigens*

【别名】杉平菇、鹰翅菌、圆孢侧耳、冻菌。

【归属】层菌纲伞菌目侧耳科侧耳属。

【形态特征】子实体小至中等。菌盖贝形，半圆形或近扇形，肉质，光滑，水浸状，纯白色，基部有绒毛，边缘内卷，直径 2.5～5.5 cm，无菌柄。菌肉白色，薄。菌褶从基点辐射，白色，分叉，窄，密，不等长。孢子光滑，无色，球形至近球形，(5～

7) μm×(3.5～6) μm。孢子印白色。

【地理分布】分布于福建、云南、西藏、北京、广东、福建、海南、甘肃等地。

【生长环境】夏、秋季，单生或群生于针叶树等倒木上，多丛生或叠生一起。

【毒性】质地稍脆，可人工栽培，此物种以前认为可食用，但目前发现有毒。

【功效作用】无。

凤尾菇

【拉丁名】*Pleurotus sajor-caju*

【别名】环柄斗菇、环柄侧耳、喜马拉雅山平菇、印度鲍鱼菇、鸡尾菇、灰平菇。

【归属】层菌纲伞菌目侧耳科侧耳属。

【形态特征】子实体单生或丛生，菌盖扇形、肾形、半圆形、圆形。成熟时波曲，有或无后沿，初内卷，后反卷，直径 5～15 cm 或更大，色灰白或灰褐，表面平滑；菌肉厚度中等，白色；菌褶短延生，白色，狭窄，密集，不等长，髓部近缠绕型；菌柄白色，大多数侧生，也有中央生，上粗下细，直径 1.5～3 cm，长 3～10 cm，基部无绒毛，孢子印久置后呈淡红色至淡紫色，孢子长椭圆形，(8.6～10.6) μm×4 μm。在显微镜下透明无色，内有一个细胞核；担子长柱形，顶端较宽 44.7 μm×6.8 μm，囊状体长柱形，顶端圆，较基部宽，44 μm×6.88 μm。

【地理分布】分布于热带和亚热带地区、中国(云南、广西、海南等地)、印度、巴基斯坦。

【生长环境】春夏、秋季分布于阔叶树林腐木中。

【毒性】味道鲜美可口，凤尾菇生活力强，可人工栽培。

【功效作用】鲜凤尾菇维生素 C 含量较高，有助于提高人体免疫功能。还含有维生素 B_1、维生素 B_2、尼克酸、多种矿物质。生理活性物质，具有诱发干扰素的合成，提高人体免疫功能，具有防癌、抗癌的作用。凤尾菇含脂肪、淀粉很少，是糖尿病人和肥胖症患者的理想食品，还有降低胆固醇的作用。

亚侧耳

【拉丁名】*Hohenbuehelia serotina*

【别名】冬蘑、元蘑、黄蘑、冻菌、晚北风蘑、晚生侧耳。

【归属】层菌纲伞菌目侧耳科亚侧耳属。

【形态特征】子实体中等至稍大。菌盖扁半球形至平展，半圆形或肾形，直径 3～12 cm，黄绿色，黏，靠近基部有短绒毛，边缘渐光滑。菌肉白色，厚。菌褶稍密，白色至浅黄色，宽，近延生。菌柄侧生很短或几无。孢子印白色。孢子无色光滑，腊肠形，(4.5～5.5) μm×(1～1.5) μm。囊状体梭形，中部膨大，(29～45) μm×(10～15) μm。

【地理分布】分布于黑龙江、吉林、河北、山西、陕西、广西、四川、云南等地。以东北林区产量多。

【生长环境】秋季末，覆瓦状丛生于桦及其他阔叶树腐木上。

【毒性】可食用，口感滑嫩，是我国重要的野生食用菌之一。

【功效作用】抗癌试验表明，该菌提取物对小白鼠肉瘤180和艾氏腹水癌的抑制率为70%。

勺状亚侧耳

【拉丁名】*Hohenbuehelia petaloides*

【别名】花瓣亚侧耳。

【归属】层菌纲伞菌目侧耳科亚侧耳属。

【形态特征】子实体较小。菌盖直径2～5 cm，勺形，向柄部分渐细，无后沿，光滑，白色，后呈淡粉灰色至浅褐色，稍黏。菌褶白色，稠密，延生，窄。柄侧生，白色，其上有细绒毛，长1～3 cm，粗0.5～1 cm。孢子光滑，无色，椭圆形，有内含物，(6～8) μm×(4～4.6) μm。囊状体多，无色，梭形，厚壁，(53～85) μm×(10～16(22)) μm

【地理分布】分布于河北、吉林、河南等地。

【生长环境】夏季群生于腐木上。此菌在东北地区生有榆树和槭树的腐木上。

【毒性】口感好，可人工栽培。

【功效作用】无。

大幕菇

【拉丁名】*Tectella calyptrata*

【别名】大幕扇菇、大幕侧耳。

【归属】层菌纲伞菌目侧耳科侧耳属。

【形态特征】子实体中等大。菌盖直径3～14 cm，无柄，半圆形或近肾脏形，平展，表面平滑，烟灰色至灰白色，湿润时稍黏，边缘薄而向内卷，往往附有菌幕残片。菌肉白色，稍厚。菌褶白色，密或稍密，不等长，宽3～5 mm。菌幕白色，薄膜质，黏性，随菌盖伸展而破碎并附着于盖边缘。孢子印白色。孢子无色光滑，近圆柱形至长椭圆形，(9～14.5) μm×(4.8～5.4) μm。

【地理分布】分布于宁夏、河南、西藏等地。

【生长环境】初夏群生于杨树等阔叶树干或倒木上。

【毒性】可食用，可人工栽培。

【功效作用】无。

杏鲍菇

【拉丁名】*Pleurotus eryngii*

【别名】刺芹侧耳，刺芹菇。

【归属】层菌纲伞菌目侧耳科侧耳属。

【形态特征】杏鲍菇的子实体有单生，也有群生，菌盖宽 2～11 cm，初期为圆拱形，后逐渐平展，成熟时中央呈浅凹形至漏斗形，表面有丝状光泽，较平滑、干燥、细纤维状，幼时盖缘向内卷曲，待成熟后为波浪状或有深裂；菌肉呈白色，稍有杏仁味，无乳汁分泌；菌褶延生，密集，呈乳白色，边缘及两侧平展，或有小菌褶；菌柄 2～9 cm，偏心生或侧生。

【地理分布】主要分布于欧洲南部、非洲北部以及中亚部分地区高山、草原及沙漠地带。在中国主要分布于福建古田县、浙江庆元县、山东、湖南等地。

【生长环境】秋末主要生长在腐木上。

【毒性】可食用，杏鲍菇其肉质肥厚，口感脆，且嫩似鲍鱼，具有杏仁香味。

【功效作用】具有降低血脂、降低胆固醇、促进胃肠蠕动消化、增强人体免疫能力、防止心血管病等功效。

革耳

【拉丁名】*Panus rudis*

【别名】野生革耳、桦树蘑、八担柴、木上森。

【归属】层菌纲伞菌目侧耳科革耳属。

【形态特征】子实体小或中等大。菌盖下凹或漏斗形，菌盖直径 2～9 cm，初期浅土黄色，后变为茶色或深肉桂色锈褐色，有粗毛，革质，边缘较完整。菌褶白至浅粉红色，干后浅土黄色，窄，稠密，延生。柄偏生或近侧生，短，内实，长 0.5～2 cm，粗 0.2～1 cm，色与菌盖相同，也有粗毛。孢子无色，光滑，椭圆形，(3.6～6) μm×(2～3) μm。囊状体无色，棒状，(23.4～56) μm×(7.2～14) μm。孢子印白色。

【地理分布】分布于黑龙江、吉林、河北、河南、湖南、江苏、广东、广西、安徽、浙江、江西、甘肃、四川、贵州、西藏、福建、台湾等地。

【生长环境】夏、秋季，生于柳、杨、桦及栎的腐木上，丛生。

【毒性】可食用，香气浓郁，可磨成细粉后作调味品食用。

【功效作用】清热解毒；消肿；敛疮。主治疮疡肿痛或溃破；癞疮；杨梅毒疮。此菌提取物对小白鼠肉瘤180抑制率为60%；对艾氏腹水癌的抑制率为70%。

紫革耳

【拉丁名】*Panus torulosus*

【别名】光革耳、贝壳状革耳、蘑菇。

【归属】层菌纲伞菌目侧耳科革耳属。

【形态特征】子实体一般中等大。菌盖直径4～13 cm，半肉质至革质，形状各异，自扁平漏斗形至近圆形而具扁生柄，或扇形而具侧生柄，初期有细绒毛或小鳞片，后变光滑并具有不明显的辐射状条纹，紫灰色至黄褐色，边缘内卷，往往呈波浪状。菌肉近白色，稍厚。菌褶延生，窄，稍密至较稀，近白色至淡紫色。柄长1～4 cm，粗0.5～2 cm，偏生或侧生，内实，质韧，有淡紫色至淡灰色绒毛。孢子印白色。孢子无色，光滑，椭圆形，(6～7) μm×3 μm。囊状体无色，棒状，(30～40) μm×(7～7.5) μm。

【地理分布】分布于河南、陕西、甘肃、云南、西藏等地。

【生长环境】夏季丛生于阔叶树的腐木上。

【毒性】幼时可食；老时质、味差，不宜食用。

【药用价值】可药用，性温味淡，有追风散寒，舒筋活络之功效。为“舒筋丸”原料之一，治疗腰腿疼痛，手足麻木，筋络不适，四肢抽搐。此菌提取物对小白鼠肉瘤180和艾氏腹水癌抑制率均为100%。

第二章　口蘑科(白蘑科)

鸡枞

【拉丁名】*Termitornyces albuminosus*

【别名】伞把菇、鸡肉丝菇、豆鸡菇、白蚁菇、鸡肉菌、鸡脚蘑菇、蚁棕、斗鸡公、三塔菌等。

【归属】层菌纲伞菌目口蘑科白蚁菌属。

【形态特征】子实体中等至大型。菌盖直径3～25 cm,幼时圆锥形,似斗笠,后渐伸展,中央部分有显著的乳头状突起,中央凸起部分深褐色,周围淡褐色,越往边缘颜色越淡,边缘灰褐色,灰白色至淡黄色,往往呈辐射状地开裂,表面湿时黏,光滑,菌肉肥厚,色洁白,味极鲜美,菌褶稠密,长短不一,幼时白色,老熟后变为米黄色,弯生或近离生,稠密,窄,不等长,边缘波状。菌柄较粗壮,长3～15 cm,粗0.7～2.4 cm,白色或同菌盖色,内实,基部膨大具有褐色至黑褐色的细长假根,长可达40 cm。孢子印奶油色或带粉红色。孢子无色,光滑,椭圆形,(7.5～9) μm×(4.5～6) μm。

【地理分布】分布于福建、台湾、江苏、浙江、海南、四川、广东、广西、贵州、云南、西藏等地。

【生长环境】夏、秋季常见于针阔叶林中地上、荒山地上和乱坟堆、包谷地中单生或群生,其假根与地下白蚁窝相连,与白蚁共生。

【毒性】可食用,色泽洁白,肉质细嫩,是著名的野生食用菌。

【功效作用】鸡枞菌具有降血糖、降血脂、抗氧化、抗凝血及止吐等多种生理活性。

盾尖白蚁伞

【拉丁名】*Termitomyces clypentus*

【别名】柱状鸡枞菌。

【归属】层菌纲伞菌目口蘑科白蚁伞属。

【形态特征】子实体较大。菌盖直径6.5～12 cm,初圆锥形,后平展具小乳突,淡棕色或灰白色，光滑，乳突黄褐色或灰褐色，边缘不整齐，老后撕裂。菌肉白色，近菌柄处厚 3 mm。菌褶弯生近离生，不等长，象牙白色，后微粉红色，周边平均 28 片/cm，窄而密，褶缘齿状。菌柄长 3.5～11 cm，粗 1～1.5 cm，圆柱形，下部稍膨大，白色，上部有同色小绒毛鳞片，纤维质，实心。假长根 12.5～17 cm，上部微白色，向下渐为浅黄褐色，基部为木质化圆柱体，浅黄褐色，长 2.4～5 cm，粗 3～7mm。孢子印粉红色，孢子无色，卵圆形，(7～8.5) μm×(4 ～ 5.2) μm。

【地理分布】分布于贵州、云南等地。

【生长环境】生长在云南松(*Pinus yunnanensis*)林中地上。其假根由直颚大白蚁(*Macrotermes orthoguathus*)、黄翅大白蚁(*M. barhyei*)等蚁巢上生出。

【毒性】可食用。

【功效作用】无。

小白蚁伞

【拉丁名】*Termitomyces microcarpus*

【别名】小白蚁菌、斗鸡菇。

【归属】层菌纲伞菌目口蘑科白蚁伞属。

【形态特征】子实体小型。菌盖直径 0.3～2.5 cm，初期近球形或圆锥形至斗笠形，中部具突尖，光滑，有灰色；灰褐色至淡棕色放射状的纤毛细条纹，边缘易开裂。菌肉白色，薄。菌褶白色，密，凹生或近离生，不等长。菌柄长 4～6 cm，粗 0.2～0.4 cm，白色，纤维质，具丝光，基部钝，生于白蚁窝上。孢子印带粉红色，3.3～5 μm。囊状体和缘囊体近棒状至宽椭圆形，顶端钝圆至稍凸。

【地理分布】分布于福建、贵州、云南。

【生长环境】夏季在林中地上群生，或几个子实体靠在一起近丛生。

【毒性】味道好，可与鸡枞媲美。

【功效作用】无。

铦囊蘑

【拉丁名】*Melanoleuca cognata*

【别名】草蘑。

【归属】层菌纲伞菌目口蘑科铦囊蘑属。

【形态特征】子实体较小或中等大。菌盖直钟形，后渐平展，中部稍凸，光滑，近水浸状，边缘平滑。菌肉白色，薄。菌褶白色，弯生，稍密，不等长。菌柄同盖色，圆柱形，光滑，长 4～8 cm，粗 0.4～0.9 cm，内部松软，有纵条纹，基部膨大。孢子印白色。孢子无色，椭圆形，具小疣，(8.5～12.2) μm×(5.3～5.6) μm。褶侧囊体近梭形，顶部具有附属物，(58～68) μm×(8.9～12.2) μm。

【地理分布】分布于吉林、河北、山西、青海、四川、江苏、云南、新疆、西藏等地。

【生长环境】夏、秋季在林中、林缘草地及旷野草地上单个或成群生长。

【毒性】无毒，是一种味道鲜、质地好、气味香的野生食用菌。

【功效作用】无。

条柄铦囊蘑

【拉丁名】*Melanoleuca grammopodia*

【别名】无。

【归属】层菌纲伞菌目口蘑科铦囊蘑属。

【形态特征】子实体较大。菌盖直径 6～16 cm，扁半球形至平展，中部凸起，幼时边缘内卷，污白色至暗褐色，中部色深，水浸状，光滑。菌肉白色至污白色，近表皮处暗褐色。菌褶白色至污白色，密，直生至延生，老后近弯生，不等长，边缘波状至齿状。菌柄圆柱形，长 7～12 cm，粗 0.6～1.7 cm，具褐色至黑褐色纵条纹，扭转，内实，基部膨大。孢子印白色。孢子无色，椭圆形至宽椭圆形，具麻点，(8～9.5) μm×(5～6.3) μm。囊状体和缘囊体较少，微带黄色，一般细长呈针状，基部明显膨大，顶端成细尖或稍钝，有时有附属物，(33.7～51) μm×(2.5～4) μm。

【地理分布】分布于黑龙江、山西、西藏等地。

【生长环境】夏、秋季在林中空地或林缘草地上群生。

【毒性】味道好，干品具浓香气味。

【功效作用】无。

直柄铦囊蘑

【拉丁名】*Melanoleuca strictipes*

【别名】无。

【归属】层菌纲伞菌目口蘑科铦囊蘑属。

【形态特征】子实体中等大。菌盖直径 4～11 cm，初期半球形，后期近平展，表面白色至乳白色，有时稍带黄褐色，边缘平滑。菌肉白色，稍薄。菌褶白色至乳白色，直生至弯生，较密，不等长。菌柄长 4～8 cm，粗 0.7～1.5 cm，圆柱形，表面白色，有平伏的纤毛和条纹，内部松软，基部膨大。孢子印白色。孢子无色，椭圆形，具麻点，(7.7～11.4) μm×(6.3～7.1) μm。囊状体近梭形，有的近纺锤形，顶端有结晶，(38～71) μm×(5～15) μm。

【地理分布】分布于新疆、山西、西藏等地。

【生长环境】夏、秋季生于林中地上或灌丛草地上。

【毒性】味道好，干品气味更香。

【功效作用】无。

硬柄小皮伞

【拉丁名】*Marasmius oreades*

【别名】硬柄皮伞、仙环小皮伞。

【归属】层菌纲伞菌目口蘑科铦囊蘑属。

【形态特征】子实体较小。菌盖直径 3～5 cm，初期扁半球形，后渐平展，中部平或稍凸，浅肉色至淡土黄色，光滑，边缘平滑或湿时稍有条纹。菌肉近白色，薄。菌褶白色，宽，稀，离生，不等长。菌柄圆柱形，长 4～6 cm，粗 0.2～0.4 cm，光滑，内实。孢子印白色。孢子无色，光滑，椭圆形，(8～10.4) μm×(4～6) μm。

【地理分布】分布于河北、内蒙古、山西、青海、四川、西藏、湖南、福建、贵州、安徽等地。

【生长环境】夏、秋季，生于草地或草原上，有时在林中草地上群生并形成蘑菇圈。

【毒性】气香、味美。

【功效作用】可药用，治疗腰腿疼痛、手足麻木、筋络不适。

长根奥德蘑

【拉丁名】*Oudemanciella radicata*

【别名】长根菇、长根金钱菌。

【归属】层菌纲伞菌目口蘑科铦囊蘑属。

【形态特征】子实体中等至稍大。菌盖直径 2.5～11.5 cm，半球形至平展，中部凸起或似脐状并有深色辐射状条纹，浅褐色或深褐色至暗褐色，光滑，湿润，黏。菌肉白色，薄。菌褶白色，弯生，较宽，稍稀，不等长。柄近柱状，长 5～18 cm，粗 0.3～1.1 cm，浅褐色，近光滑，有纵条纹，往往扭转，表皮脆骨质，内部纤维质且松软，基部稍膨大且延生成假根。孢子印白色。孢子无色，光滑，卵圆形至宽椭圆形，(13～18) μm×(10～15) μm。囊状体近梭形，(75～175) μm×(10～29) μm。褶缘囊状体无色，近梭形，顶端稍钝，(87～100) μm×(10～25) μm。

【地理分布】分布于吉林、河北、河南、江苏、安徽、浙江、福建、海南、广西、四川、云南、西藏等地。

【生长环境】夏、秋季单生或群生在阔叶林中地上，其假根着生在地下腐木上。

【毒性】菌肉细嫩，软滑适口，味道鲜美。

【功效作用】发酵液及子实体中含有长根菇素，有降低血压作用。另据试验，提取物对小白鼠肉瘤180有抑制作用。

金针菇

【拉丁名】*Flammulina velutipes*

【别名】又名冬菇、金菇、朴菰、构菌、毛柄金钱菌、冻蘑、毛柄小火菇、朴菇、冻菌、智力菇、毛脚金钱菌。

【归属】层菌纲伞菌目口蘑科金针菇属。

【形态特征】子实体一般小型。菌盖初期半球形，后扁平，菌盖直径1.5～8 cm，表面黄色、深黄褐色或肉桂色，中部色稍深，边缘乳黄色并有细条纹，光滑，湿润时黏滑。菌肉白色至淡黄色，排列较稀疏，宽窄不一，长短不一，较薄，呈辐射状排列。菌褶白色至乳白色或微带肉粉色，弯生，稍密，不等长。菌柄近圆柱形，长2～9.5 cm，粗0.2～1 cm，具有黄褐色或深褐色短绒毛，纤维质，内部松软，基部往往延伸似假根并紧靠在一起。孢子印白色。孢子无色或淡黄色，光滑，长椭圆形，(6.5～7.8) μm×(3.5～4) μm，内含1～2个油滴。囊状体呈棱形至棒形。

【地理分布】分布于黑龙江、吉林、河北、河南、江苏、浙江、福建、陕西、广西、甘肃、青海、新疆、四川、云南等地。

【生长环境】早春和晚秋至初春季节，多丛生于榆树、柳树等阔叶林腐木桩上或根部，偶尔也生在多种阔叶树活立木上。

【毒性】肉质细嫩，软滑，味鲜宜人。

【功效作用】金针菇性寒，味甘、咸，具有补肝、益肠胃、抗癌的功效，主治肝病、胃肠道炎症、溃疡、肿瘤等病症。金针菇中锌含量较高，对预防男性前列腺疾病较有帮助。而且金针菇还是高钾低钠食品，可防治高血压。金针菇含有较多的金针菇多糖，对小白鼠肉瘤180有抑制率达81.1%～100%，对艾氏腹水癌的抑制率为80%。

堆金钱菌

【拉丁名】*Collybia acervata*

【别名】无。

【归属】层菌纲伞菌目口蘑科金钱菌属。

【形态特征】子实体较小。菌盖直径宽2～7 cm，半球形至近平展，中部稍凸，有时成熟后边缘反起，浅土黄色至深土黄色，薄，光滑，湿润时具不明显条纹。菌肉白色，薄。菌褶白色，较密，直生至近离生，不等长。菌柄细长，圆柱形，有时扁圆或扭转，长 3～6.5 cm，粗 0.2～0.7 cm，浅褐色至黑褐色，纤维质，中空，基部具白色绒毛。孢子印白色。孢子无色，光滑，椭圆形，(5.6～7.7) μm×(2.6～3.8) μm。

【地理分布】分布于吉林、云南等地。

【生长环境】夏、秋季丛生至群生，有时单生于阔叶林落叶层或腐木上。个体虽小，却往往大量发生，便于收集利用。

【毒性】可食用，无毒。

【功效作用】无。

梭柄金钱菌

【拉丁名】*Collybia fusipes*

【别名】无。

【归属】层菌纲伞菌目口蘑科金钱菌属。

【形态特征】子实体较小或中等大。菌盖直径 3～12 cm，半球形至扁半球形，斗笠形，后期近平展，中部稍有凸起，水浸状，带红褐色到褐色，干时色浅，光滑，初期边缘内卷。菌肉污白色至浅红褐色，宽，不等长。菌柄长 6.5～15 cm，粗0.8～1.8 cm，浅红褐色，靠下部膨大呈梭形，基部渐变细呈根状，常有纵条纹。孢子印白色。孢子椭圆形至卵圆形，无色，壁薄，(5.5～6.3) μm×(3～3.5) μm。褶缘囊状体近梭形或柱形，(30～35) μm×(2～3.5) μm。褶侧囊状体(20～25) μm×(2.5～3.5) μm，梭形。

【地理分布】分布于河北、湖北、山西。

【生长环境】夏、秋季生腐木上，往往近丛生。

【毒性】无毒，可食用。

【功效作用】无。

红蜡蘑

【拉丁名】*Laccaria laccata*

【别名】红草蘑、红皮条菌(四川)、假陡头菌、漆亮杯伞、一窝蜂。

【归属】层菌纲伞菌目口蘑科蜡蘑属。

【形态特征】子实体一般小型。菌盖宽 1～5 cm，薄，近扁半球形，后渐平展，中央下凹成脐状，肉红色至淡红褐色，湿润时水浸状，干燥时蛋壳色，边缘波状或瓣状并有粗条纹。菌肉粉褐色，薄。菌褶同菌盖色，直生或近延生，稀疏，宽，不等长，附有白色粉末。菌柄长 3～8 cm，粗 0.2～0.8 cm，同菌盖色，圆柱形或有时稍扁圆，下部常弯曲，纤维质，韧，内部松软。孢子印白色。孢子无色或带淡黄色，圆球形，具小刺，7.5～10(12.6)μm。

【地理分布】分布于黑龙江、吉林、河北、江苏、浙江、江西、广西、山西、海南、西藏、青海、四川、云南、新疆等地。

【生长环境】夏、秋季在林中地上或枯枝败叶层上散生或群生，有时近丛生，此菌与松栎等形成外生菌根。

【毒性】可食用。菌肉薄，味道一般，在西南地区群众喜欢采食。

【功效作用】据试验，提取物对小白鼠肉瘤 180 和艾氏腹水癌的抑制率分别为 60%和 70%。

荷叶离褶伞

【拉丁名】*Lyophyllum decastes*

【别名】荷叶蘑、栗窝、树窝、一窝羊、茅草菌、北风菌、冻菌、冷菌、冷香菌、栎窝菌。

【归属】层菌纲伞菌目口蘑科离褶伞属。

【形态特征】子实体中等至较大。其菌盖呈扁半球形，后平展，中部稍凸起或稍下凹，直径 5～16 cm，灰白色至灰黄色，肉质，不黏，光滑，盖缘下弯、薄、波状，有不规则浅裂，盖面平滑，无毛或常有附生纤毛，平时有光泽，浅灰色、灰黑色或淡茶褐色。菌肉中部较厚，边缘薄，有弹性，后柔软，菌肉白色，味道柔和。菌褶稍密至稠密，直生至弯生，老后稍延生，较密而薄，颜色由白色至带黄色，再到浅灰色，褶缘呈波状。菌柄长 3～10 cm，粗 0.5～1.8 cm，中生或偏生，圆柱形，基部明显膨大，多数常弯曲，实心，顶部粉状，向下纤维状，有弹性，白色至淡色，基部灰色至褐色。孢子平滑，无色，球形，(5～7) μm×(4.8～6.5) μm。孢子印白色。

【地理分布】分布于云南、四川、贵州、福建、新疆、青海、河南、甘肃、江苏、辽宁、吉林、黑龙江等地区。

【生长环境】夏、秋季丛生或簇生在一起，自然丛生于杨树、麻栎、大齿蒙栎等山毛榉科阔叶林地上。

【毒性】可食用，荷叶离褶伞子实体中粗蛋白、氨基酸含量较高，脂肪含量低，而且还含有对人体有益的微量元素锌、铜和硒以及大量的维生素 B_1、维生素 B_2、维生素 B_6、维生素 B_{12}和烟酸等。

【功效作用】有研究证明荷叶离褶伞多糖能够提高小鼠的免疫功能及清除鼠机体内超氧阴离子自由基，能够增强机体抗氧化作用，延缓衰老。据报道，荷叶离褶伞水提取物可以降低胰岛素依赖型小白鼠的血糖浓度。

簇生离褶伞

【拉丁名】*Lyophyllum aggregatum*

【别名】无。

【归属】层菌纲伞菌目口蘑科离褶伞属。

【形态特征】子实体成簇生长在一起。菌盖直径 5～10 cm,扁半球形,后期平展或中部稍凸,灰色或灰黑色至棕褐色,平滑或有隐形纤毛状条纹,干时光亮,边缘薄呈波状或开裂。菌肉白色或微带粉肉色,稍宽,密,直生到延生,不等长。菌柄一般细长,弯曲,向下渐膨大,(6～10) μm×(0.4～1.5) cm,有时偏生,上部白色且有粉末,下部深色,内部实、孢子印白色。孢子无色,光滑,球形至近球形,4～7 μm。

【地理分布】分布于青海、江苏等地。

【生长环境】夏、秋季在林中地上往往丛生一起,可与赤松形成外生菌根。

【毒性】可食用,口感较好。

【功效作用】有研究证明其提取物对小白鼠肉瘤 180 和艾氏腹水癌均有一定的抑制性。

双孢菇

【拉丁名】*Agaricus bisporus*

【别名】口蘑、圆蘑菇、洋蘑菇、双孢蘑菇、白蘑菇。

【归属】层菌纲伞菌目口蘑科蘑菇属。

【形态特征】子实体中等至稍大。菌盖直径 3～15 cm,初期呈半球形,后期近平展,中部有时下凹,呈白色或浅白色,有时光滑或后期有绒毛状鳞片,干燥时边缘会有开裂。菌肉一般呈白色,较厚实。菌褶呈浅粉红色至褐色,偶有黑色,较浓密,离生,不等长。菌柄较粗短,多呈圆柱形,有的稍弯曲,(1～8) μm×(0.6～2) cm,光滑或略有纤毛,呈白色,内部较实。菌环常单层,白色,多为膜质,生于菌柄中部,较易脱落。担子上有两个担孢子,故名为双孢蘑菇,孢子印呈深褐色。孢子多为褐色,长椭圆形,较光滑,(6.5～9.5) μm×(5～6.6) μm。

【地理分布】主要分布于河南、河北、安徽、江苏、山东等地。

【生长环境】主要生长在林地、公园、草地、田野、道路两旁等处。

【毒性】可食用,菌肉较肥嫩,味道较鲜美。

【功效作用】双孢菇味甘、性平,有提神醒脑、促进消化、降低血压的作用。经常食用双孢菇，可以防止坏血病，预防肿癌，促进伤口愈合和解除铅、砷、汞等的中毒，兼有补脾，润肺，理气，化痰之功效，能防止恶性贫血，改善神经功能，降低血脂。

灰离褶伞

【拉丁名】*Lyophyllum cinerasceus*

【别名】块根蘑、一窝蜂、丛生口蘑、草白蘑、一窝鸡、松毛菌、北风菌、冻菌、栗窝、树窝。

【归属】层菌纲伞菌目口蘑科离褶伞属。

【形态特征】子实体一般中等大。菌盖初期球形至扁半球形，后渐平展，直径1.5～9 cm，浅灰色至浅灰褐色，中央钝头形，边缘有条纹。菌肉白色，稍厚，边缘稍薄，脆而回甜，有菌香气。菌褶白色，密，宽，直生至弯生，稀为延生，不等长。菌柄圆柱形，常弯曲，长2～8 cm，粗0.3～2.5 cm，白色，干后变为灰白色，有不规则的凸起的纵棱纹，肉质，中生、内部实，靠近下部多联合在一起形成一个共同的基部。孢子无色，光滑，球形至近球形，(5.6～6.3) μm×(4.3～5) μm。孢子印白色。

【地理分布】分布于黑龙江、吉林、河南、青海、云南、西藏等地。

【生长环境】夏、秋季生于松林等针叶林及混交林中较为干燥的地上或草地上，群生或丛生。

【毒性】可食用，肉质鲜嫩，味鲜美，属优良食用菌。

【功效作用】据《滇南本草》记载："专治小便不通或不禁，可以分利水道，亦治五淋白浊，食之最良。"据试验，灰离褶伞提取物对小白鼠肉瘤180和艾氏腹水癌的抑制率分别为80%和90%。

榆生离褶伞

【拉丁名】*Lyophyllum ulmarium*

【别名】大榆蘑、榆干侧耳、榆生侧耳。

【归属】层菌纲伞菌目口蘑科离褶伞属。

【形态特征】子实体中等至较大。菌盖直径7～15 cm，扁半球形，逐渐平展，光滑，中部浅赭石色或赭黄色，边缘浅黄色，中央有时龟裂。菌肉厚，白色。菌褶宽，弯生，稍密，白色或近白色。柄偏生往往弯曲，白色，内部实，长4～9 cm，粗1～2 cm。孢子印白色。孢子无色，光滑，球形至近球形，5～6 μm。

【地理分布】分布于黑龙江、吉林、河南、青海等地。

【生长环境】夏、秋季常在榆树或其他阔叶树干上丛生。

【毒性】可食用，味道鲜美，质地好。

【功效作用】据试验，榆生离褶伞提取物对小白鼠肉瘤180和艾氏腹水癌的抑制率为60%。

大杯伞

【拉丁名】*Clitocybe maxima*

【别名】大漏斗菌、猪肚菇、笋菇(福建)、红银盘(山西)。

【归属】层菌纲伞菌目口蘑科杯伞属。

【形态特征】子实体大。菌盖直径10～20 cm或更大。初期中部下凹，后期呈漏斗状，表面光滑、干燥，灰黄色至淡土黄色，幼时边缘内卷后伸长且有不明显的条纹。菌肉白色，较薄，中部稍厚。菌褶白色至污黄色，较密，窄，延生，不等长。菌柄近柱形，长7～10 cm，粗1.5～2.5 cm，近白色或近似盖色，基部渐膨大呈棒状且有绒毛，内部松软。孢子印白色。孢子无色，近球形或宽椭圆形，光滑或微粗糙，(6.6～8) μm×(5.3～6.3) μm。

【地理分布】分布于黑龙江、河北、山西、青海等地。

【生长环境】夏、秋季在林中地上或腐枝层群生或近丛生。

【毒性】可食，无毒。子实体清脆鲜嫩。含有多种人体必需的氨基酸及矿质元素铝、锌。

【功效作用】无。

肉色杯伞

【拉丁名】*Clitocybe geotropa*

【别名】无。

【归属】层菌纲伞菌目口蘑科杯伞属。

【形态特征】子实体中等至大型。菌盖直径4～15 cm，初期扁平，中部渐下凹呈漏斗状，中央往往具一小凸起，表面干燥，幼时带褐红色，老时呈肉色或淡黄褐色，边缘内卷不明显。菌肉近白色，厚，紧密，味温和。菌褶近白色或同菌盖色，延生，不等长，密，较宽。菌柄细长，上部较细，(5～12) μm×(2～2.5) μm，粗1.5～3 cm，白色或带黄色或同盖色，表面有条纹呈纤维状，内部实心。孢子印白色。孢子无色，光滑，近球形或宽卵圆形，(6.5～8(10.2)) μm×(4～6) μm。

【地理分布】分布于四川、云南、西藏、山西等地。

【生长环境】秋季散生或群生于林中地上或草地上。

【毒性】可食用，味道好。

【功效作用】据试验，该菌提取物对小白鼠艾氏癌的抑制率为80%。

丛生斜盖伞

【拉丁名】*Clitopilus caespitosus*

【别名】斜顶蕈、密簇斜盖伞。

【归属】层菌纲伞菌目口蘑科斜盖伞属。

【形态特征】子实体白色。菌盖直径5～8.5 cm，扁半球形至平展，中部常下凹，表面光滑，白色至乳白色，初期边缘内卷，渐伸展后呈瓣状、波浪状或开裂。菌肉白色，较薄。菌褶白色带粉红色，较密，直生至延生，不等长，往往边缘具小锯齿。菌柄长3～7 cm，粗0.1～1 cm，上部有细小鳞片，内部松软，后期易纵向开裂。孢子印粉红色。孢子无色，光滑，宽椭圆形，(4.5～5) μm×(3～4) μm。

【地理分布】分布于黑龙江、河北、山西、江苏等地。

【生长环境】夏季丛生于林中地上。

【毒性】该菌味道鲜美，属优良食用菌。

【功效作用】无。

大白桩菇

【拉丁名】*Leucopaxillus giganteus*

【别名】青腿子、大青蘑、雷蘑、青蘑。

【归属】层菌纲伞菌目口蘑科桩菇属。

【形态特征】子实体大型。菌盖直径5～36 cm，初期扁半球形，后期近平展，中部下凹至漏斗状，污白色，苍白或稍带灰黄色，光滑，边缘初期内卷，后期渐伸展。菌肉白色、厚，具有清香气。菌褶白色至污白色，成熟后青褐色，延生，稠密，窄，不等长。菌柄较粗壮，棒状，长5～13 cm，粗2～5 cm，白色至青白色，有时上部带淡蓝色，光滑，肉质内部实心，基部膨大处可达6 cm。孢子白色，光滑，椭圆形，(6～8) μm×(4～6) μm，褶缘囊状体棍棒状，(30～33) μm×(5.6～7) μm。孢子印白色。

【地理分布】分布于黑龙江、吉林、辽宁、内蒙古、河北、山西、青海、新疆等地，以内蒙古和河北张家口以北地区为多。

【生长环境】夏、秋季，生长在针阔叶混交林中的草原、林缘、灌丛中，单生或群生，可形成蘑菇圈。

【毒性】可食用，菌肉肥厚，味道醇正，属我国出产的“口蘑”之上品。

【功效作用】可药用，用于治疗小儿麻疹欲出不出，烦躁不安；还可治疗伤风感冒。该菌含有杯伞菌素，对治疗肺结核病有一定的疗效。

香杏丽蘑

【拉丁名】*Calocybe gambosa*

【别名】虎皮香杏、香杏蘑、黄皮口蘑。

【归属】层菌纲伞菌目口蘑科丽蘑属。

【形态特征】子实体一般中等大。菌盖直径 6～12 cm，半球形至平展，表面光滑，带白色或淡土黄色至淡土红色，边缘内卷。菌肉白色，肥厚。菌褶白色或稍带黄色，稠密，窄，弯生，不等长。菌柄长 3.5～10 cm，粗 1.5～3.5 cm，白色或稍带黄色，具条纹，内实。孢子印白色。孢子无色，光滑，椭圆形，(5～6.2) μm×(3～4) μm。

【地理分布】分布于黑龙江、吉林、内蒙古、河北等地。

【生长环境】夏、秋季群生或丛生在草原上，或形成蘑菇圈。

【毒性】味道鲜美，是“口蘑”之一种。

【功效作用】味甘，性平。宣肠益气，散血热，透发麻疹。可药用，主治小儿麻疹欲出不出，烦躁不安。

梭柄松苞菇

【拉丁名】*Catathelasma ventricosum*

【别名】纱罗包、松苞菇、罗汉菌、松杉苞、梭柄乳头蘑。

【归属】层菌纲伞菌目口蘑科松苞菇属。

【形态特征】子实体一般大型。菌盖直径 7～20(25) cm，初期扁半球形，后期稍有平展，顶部钝圆，白色至灰白色，有时中部带灰褐色，表面光滑或光亮，湿时黏，边缘内卷并附有菌幕残片。菌肉白色，肥厚。菌褶白色，稍密，窄，延生，不等长或有分叉。菌柄白色至污白色，中部膨大成梭形，内实，长 5～14 cm，粗 4～5.5 cm。菌环生柄之中部，双层，白色。孢子印白色。孢子无色或带淡黄色，椭圆形至卵圆形，光滑，(8～14) μm×(5.6～7.5) μm。褶缘囊体近棒状，(25～63) μm×(3～5) μm。

【地理分布】主要分布于中国西南地区的云南、四川、贵州等地。

【生长环境】夏、秋季在高山区松、杉混交林中地上单生或稀见群生一起。属松等树木的外生菌根菌。

【毒性】子实体大而菌肉厚，质细软，但味道较差，一般经加工后食用。是“口蘑”之一种。

【功效作用】无。

粉紫香蘑

【拉丁名】*Lepista personata*

【别名】无。

【归属】层菌纲伞菌目口蘑科香蘑属。

【形态特征】子实体中等至稍大。菌盖直径 5～10(20) cm,半球形至近平展,藕粉色或淡紫粉色,后期褪色呈污白或蛋壳色,幼时边缘具絮状物。菌肉白色带淡紫色,较厚,具明显的淀粉气味。菌褶淡粉紫色,密,弯生,不等长。菌柄柱形,长 4～8 cm,粗 0.5～3 cm,菌柄紫色或淡青紫色;中下部多深色纵条纹,上部色淡有白色絮状颗粒,内实至松软,基部稍膨大。孢子印淡肉粉色。孢子无色,椭圆形,具小麻点,(7.5～8.5) μm×(4.2～5) μm。

【地理分布】主要分布于黑龙江、甘肃、新疆等地。

【生长环境】夏、秋季在林中地上成群生长或生长成一条带或似蘑菇圈。高山区松、杉混交林中地上单生或稀见群生一起。属松等树木的外生菌根菌。

【毒性】菌肉厚,具香气,味鲜美,是一种优良野生食用菌。无毒。

【功效作用】无。

肉色香蘑

【拉丁名】*Lepista irina*

【别名】无。

【归属】层菌纲伞菌日口蘑科香蘑属。

【形态特征】子实体中等至稍大。菌盖直径 5～13 cm,扁半球形至近平展,表面光滑,干燥,初期盖边缘内卷,带白色或淡肉色至暗黄白色。菌肉较厚,柔软,白色。菌褶白色至淡粉色,密或稍密,直生至延生,不等长。菌柄长 4～8 cm,粗 1～2.5 cm,同菌盖色,表面纤维状,内实,上部粉状,下部弯曲。孢子印带粉红色或粉黄色。孢子无色,椭圆形至宽椭圆形,粗糙至近光滑,(7～10.2) μm×(4～5) μm。

【地理分布】主要分布于黑龙江、山西、西藏等地。

【生长环境】秋季在草地或林中地上群生或分散生长,往往形成蘑菇圈。林中地上成群生长或生长成一条带或似蘑菇圈。高山区松、杉混交林中地上单生或稀见群生一起。属松等树木的外生菌根菌。

【毒性】菌肉细软,气味浓香,鲜美可口。是一种优良野生食用菌。无毒。

【功效作用】据试验,提取物对小白鼠肉瘤 180 和艾氏腹水癌抑制率较高。

紫丁香蘑

【拉丁名】*Lepista nuda*

【别名】裸口蘑、紫晶蘑。

【归属】层菌纲伞菌目口蘑科香蘑属。

【形态特征】子实体一般中等大。菌盖直径 4～10 cm，扁半球形至平展，有的中部下凹，亮紫色或丁香紫色，后期变至褐紫色，光滑，湿润，边缘内卷，无条纹。菌肉淡紫色，较厚。菌褶紫色，密，直生至稍延生，不等长，往往边缘呈小锯齿状。菌柄长 4～9 cm，粗 0.5～2 cm，圆柱形，同菌盖色，上部有絮状粉末，下部光滑或具纵条纹，内部实，基部稍膨大。孢子印肉粉色。孢子无色，椭圆形，近光滑至具小麻点，(5～7.5) μm×(3～5) μm。

【地理分布】主要分布于黑龙江、山西、福建、西藏、新疆、青海等地。

【生长环境】夏、秋季在林中或林缘地上成群生长，有时近丛生或单个生长。

【毒性】菌肉较厚，具香气，味鲜美，是一种优良野生食用菌。无毒。

【功效作用】据试验，提取物对小白鼠肉瘤 180 和艾氏腹水癌抑制率高达 90%以上。含有维生素 B_1，能调节机体正常糖代谢，促进神经传导；经常使用还可预防脚气病。

花脸香蘑

【拉丁名】*Lepista sordida*

【别名】花脸蘑、紫花脸。

【归属】层菌纲伞菌目口蘑科香蘑属。

【形态特征】子实体一般较小。菌盖宽直径 3～7.5 cm，扁半球形至平展，有的中部下凹，薄，湿润时半透明或呈水浸湿状，呈现宽的环带，边缘内卷，紫色或较鲜的紫色，边缘有细条纹或呈波浪状和瓣状。菌肉带淡紫色，不等长。菌柄长 3～6.5 cm，粗 0.2～1 cm，同菌盖色，靠近基部常弯曲，内部实。孢子印带粉红色。孢子无色，具麻点至粗糙，椭圆形至近卵圆形，(6.2～9.8) μm×(3.2～5) μm。

【地理分布】主要分布于黑龙江、河北、山西、河南、甘肃、青海、四川、新疆、福建、西藏等地。

【生长环境】夏、秋季在山坡草地、草原。菜园、道旁、火烧土、堆肥等处成群或近丛生。往往在草原上形成蘑菇圈。林中或林缘地上成群生长，有时近丛生或单个生长。

【毒性】菌肉较厚，具香气，味鲜美，是一种优良野生食用菌。无毒。

【功效作用】无。

白香蘑

【拉丁名】*Lepista caespitosa*

【别名】口香白蘑。

【归属】层菌纲伞菌目口蘑科香蘑属。

【形态特征】子实体一般中等大。菌盖宽直径 4～10 cm,扁半球形至近平展,白色,边缘菌柄平滑呈波状并具环带。菌肉白色。菌褶白色,捎带粉色,稍密,直生或近延生,成熟后近弯生。菌柄圆柱形,长 3～5 cm,粗 0.5～1.2 cm,白色,基部稍膨大。孢子印浅粉红色。孢子无色,粗糙具小麻点,卵圆形至宽椭圆形(5～6.2) μm×(3～4) μm。

【地理分布】主要分布于吉林、山西、新疆等地。

【生长环境】夏、秋季在山坡草地上或草原上丛生或群生并形成蘑菇圈和带。

【毒性】是一种味道十分鲜美的野生食用菌。无毒。

【功效作用】无。

黄绿蜜环菌

【拉丁名】*Armillaria luteo-virens*

【别名】黄蘑菇、皇菇、黄环菌。

【归属】层菌纲伞菌目口蘑科蜜环菌属。

【形态特征】子实体中等大。菌盖厚,直径 5～9 cm,扁半球形至平展,硫黄色,干后近白色并龟裂状,具纤毛状鳞片,边缘内卷。菌肉白色或带黄,厚。菌褶近似菌盖色,稍密,弯生,不等长。菌柄柱形,长 3.5～10 cm,粗 1.2～2.5 cm,白色或带黄色,内部实,菌环以下具黄色明显的鳞片,基部膨大。菌环生柄的上部,黄色。孢子印白色。孢子无色,光滑,椭圆形,(6～7.2) μm×(4～4.5) μm。

【地理分布】主要分布于河北、青海、甘肃、陕西、四川、西藏等地。

【生长环境】夏、秋季生于草原,尤其喜生于高山草甸草原上。

【毒性】该种肉厚,味鲜美,是一种野生的优良食用菌。

【功效作用】食用有防癌之功效。能抑制肿瘤生长,有利于抗衰老、护肤、延年益寿、美容等。

蜜环菌

【拉丁名】*Armillaria mellea*

【别名】榛蘑、臻蘑、蜜蘑、蜜环蕈、栎蕈。

【归属】层菌纲伞菌目口蘑科蜜环菌属。

【形态特征】子实体一般中等大。菌盖宽直径 4～14 cm，淡土黄色，蜂蜜色至浅黄褐色，老后棕褐色，中部有平伏或直立的鳞片，有的近光滑，边缘具明显的条棱。菌肉白色。菌褶白色或稍带肉粉色，直生至延生，稍稀，老后常出现暗褐色斑痕。菌柄细长，圆柱形，稍弯曲，长 5～13 cm，粗 0.6～1.8 cm，同盖色，常有纵条纹和毛状小鳞片，纤维质，内部松软变至空心，基部稍膨大。菌环乳白色，生柄上部，幼时呈双层。孢子印白色。孢子无色或稍带黄色。光滑，椭圆形或近卵圆形，(7～11.3) μm×(5～7.5) μm。

【地理分布】分布于黑龙江、吉林、河北、山西、浙江、福建、广东、广西、陕西、甘肃、内蒙古、新疆、四川、西藏、云南等地。

【生长环境】夏、秋季在林中地上、腐木上，或树木桩上、树根部成丛生长。

【毒性】是一种普遍采食的野生食用菌。无毒。

【功效作用】利用蜜环菌菌丝体发酵生产药品，可治疗风湿腰膝痛、四肢痉挛、眩晕头痛、小儿惊痫等疾病；对革兰氏阴性细菌、真菌和病素有抑制作用。从蜜环菌中分离出葡聚糖和多肽寡糖，有抗癌作用，对小白鼠肉瘤 180 和艾氏腹水癌的抑制率分别为 70%和 80%。

假蜜环菌

【拉丁名】*Armillariella tabescens*

【别名】亮菌、树秋、青杠菌、青杠钻。

【归属】层菌纲伞菌目口蘑科蜜环菌属。

【形态特征】子实体一般中等大。菌盖直径 2.8～8.5 cm，幼时扁半球形，后渐平展，边缘有条纹且往往在后期翻起。蜜黄色或黄褐至锈褐色，中部色深并有纤毛状鳞片。菌肉白色或带乳黄色。菌褶白色至污白色，或稍带暗肉粉色，较稀，近延生，不等长。菌柄长 2～13 cm，粗 0.3～0.9 cm，上部污白，中下部灰褐至褐黑色，有时扭曲和纵裂，表面有平伏纤毛，内部松软至变空心。孢子印近白色。孢子无色光滑，宽椭圆形至近卵圆形，(7.5～10) μm×(5.3～7.5) μm。与蜜环菌形态特征非常相似，主要区别是此食用菌无菌环，菌索污黄、棕黄色，扁平似根状。

【地理分布】分布于黑龙江、吉林、河北、河南、山西、江苏、安徽、浙江、福建、甘肃、内蒙古、云南等地。

【生长环境】夏、秋季在树桩基部、根部成丛生长，引起多种阔叶树上根腐病。

【毒性】是一种味道较好的食用菌。无毒。

【功效作用】菌丝体及菌索含有蜜环菌香豆素，麦角甾醇和有机酸等。菌丝体对胆囊炎及传染性肝炎有一定疗效。另报道有抗癌作用，提取物对小白鼠肉瘤180和艾氏腹水癌的抑制率达70%。

粗壮口蘑

【拉丁名】*Tricholoma robustum*

【别名】无。

【归属】层菌纲伞菌目口蘑科口蘑属。

【形态特征】子实体一般中等大。菌盖直径5～10 cm，幼时扁半球形，后期渐渐平展，表面干燥，具深褐色至茶褐色细鳞片，边缘向内卷并有丝绵状菌膜。菌肉白色而厚。菌褶白色，稍密，初期近直生，后变弯生。菌柄稍粗壮，长3～9 cm，粗1～1.5 cm，菌环以上白色有粉末，菌环以下同盖色且有褐色鳞片，内部实，往往基部向下变尖细。孢子印白色。孢子无色，光滑，宽椭圆形至卵圆形，(5.3～7) μm×(4～5) μm。

【地理分布】分布于陕西、辽宁等地。

【生长环境】秋季在混交林中地上单生或群生。

【毒性】是一种味道较好的野生食用菌。无毒。

【功效作用】据记载，该菌有抗癌作用，提取物对小白鼠肉瘤180和艾氏腹水癌的抑制率高达100%。

松口蘑

【拉丁名】*Tricholoma matsutake*

【别名】松蕈、松菌、松茸(日本)、松蘑、鸡肉丝菌、青岗菌，燕子菌、大花菌、老鹰菌等。

【归属】层菌纲伞菌目口蘑科口蘑属。

【形态特征】子实体中等至较大。菌盖直径6～20 cm，菌盖初期半球形，后呈馒头形至平展形，淡黄色，覆有纤维状的绒毛鳞片，幼时鳞片淡黄褐色至栗褐色，老熟时为黑褐色，中央色暗，呈辐射状，有时裂口，表面干燥，湿时稍黏，边缘内卷。菌肉白色而厚。菌褶白色或稍带乳黄色，较密，弯生而不等长。菌柄较粗壮，长5～30 cm，粗1.5～5 cm，菌环以上污白色并有粉粒，菌环以下具栗褐色纤毛状鳞片，内实，基部稍膨大。菌环生菌柄的上部，丝膜状，上面白色而下面与柄同色。孢子印白色。孢子无色，光滑，宽椭圆形至近球形，(6.5～7.5) μm×(4.5～6.5) μm。

【地理分布】分布于黑龙江、吉林、安徽、山西、四川、贵州、云南、西藏、台湾等地。

【生长环境】秋季生赤松林或赤松树及其他阔叶树混交林中地上，成群生长并形成蘑菇圈。属于树木的外生菌根菌。在混交林中地上单生或群生。

【毒性】是一种味道鲜美的野生食用菌。无毒。

【功效作用】据记载，该菌有强身、益肠胃、止痛、理气化痰、驱虫等功效。现代科学研究表明，松口蘑还具有治疗糖尿病、抗癌等特殊作用。子实体热水提取物对小白鼠肉瘤180的抑制率为91.8%，对艾氏腹水癌的抑制率为70%。

蒙古口蘑

【拉丁名】*Tricholoma mongolicum*

【别名】口蘑、白蘑、雷窝子。

【归属】层菌纲伞菌目口蘑科口蘑属。

【形态特征】子实体一般中等大，白色。菌盖宽5～17 cm，半球形至平展，光滑，初期边缘内卷。菌肉白色，厚。菌褶白色稠密，弯生，不等长。菌柄粗壮，长3.5～7 cm，粗1.5～4.6 cm，内实，基部膨大。孢子印白色，孢子无色，光滑，椭圆形，(6～10) μm×(3.5～4) μm。

【地理分布】分布于河北、黑龙江、吉林、辽宁、内蒙古等草原地区。

【生长环境】夏、秋季生于草原上，大量成群生长并形成蘑菇圈。

【毒性】该食用菌可药用，性平、味甘。

【功效作用】有宣肠益气，散热解表的功效；又治小儿麻疹欲出不出、烦躁不安等症。蒙古口蘑中还含有多种抗病毒成分，可以辅助治疗由病毒引起的疾病。其中的大量植物纤维有防止便秘、促进排毒、预防糖尿病及大肠癌、降低胆固醇含量的作用。

杨树口蘑

【拉丁名】*Tricholoma populinum*

【别名】无。

【归属】层菌纲伞菌目口蘑科口蘑属。

【形态特征】子实体中等或较大。菌盖直径4～12(15) cm，扁半球形至平展，边缘内卷变至平展或波状，湿时黏，浅红褐色，趋向边缘色渐淡，具棕褐色细小鳞片至近光滑。菌肉污白色，较厚，气味香，伤处色变暗。菌柄较粗壮，内部实或松软，长3～8 cm，粗1～3 cm，基部稍膨大，表面白色，伤处变色。孢子印白色。孢子卵圆形至近球形，光滑，无色，(5.6～7.6) μm×(3.5～5.4) μm。

【地理分布】分布于内蒙古、河北、山西、黑龙江等杨树分布区。

【生长环境】秋季群生或散生在杨树林中沙质土地上。

【毒性】可食用，味道较好，是一种很有食用价值的野生食用菌。

【功效作用】常食用对治疗过敏性血管炎有辅助作用。

棕灰口蘑

【拉丁名】*Tricholoma terreum*

【别名】灰蘑、小灰磨、灰口蘑、土色口蘑、白荞面菌、草菌。

【归属】层菌纲伞菌目口蘑科口蘑属。

【形态特征】子实体中等大。菌盖宽 2～9 cm，扁半球形，后渐平展，中部稍凸起，表面浅棕灰色至灰褐色，中部颜色较四周稍深，具暗灰褐色纤毛状小鳞片，由翘起或平伏于盖面上的菌丝束组成，干燥，肉质，老后边缘开裂。菌肉白色至污白色，后呈浅灰色，稍密。菌褶白色变灰色，稍密，弯生，不等长。菌柄柱形，为白色絮状菌丝体所缠绕，表面由同向排列紧密的菌丝组成，长 2.5～8 cm，粗 1～2 cm，白色至污白色，具细软毛，内部松软至中空，基部稍膨大。孢子椭圆形至长方形，无色，光滑，椭圆形，(6.2～8) μm×(4.7～5) μm。孢子印白色。

【地理分布】分布于河北、黑龙江、江苏、山西、河南、甘肃、辽宁、湖南等地。

【生长环境】夏、秋季，群生或散生在松林或阔叶林中地上。

【毒性】可食用，肉质脆嫩，该菌是一种味道很好的野生食用菌。

【功效作用】无。

宽褶拟口蘑

【拉丁名】*Tricholomopsis platyphylla*

【别名】宽褶菇、水鸡枞、宽褶金钱菌、宽褶小奥德蘑。

【归属】层菌纲伞菌目口蘑科口蘑属。

【形态特征】子实体中等至较大。菌盖直径 5～12 cm，扁半球形至平展，有的老后边缘向上翻起，灰白色至灰褐色，湿润时水浸状，光滑具深色细条纹，边缘成熟后常开裂。菌肉白色，薄。菌褶白色，很宽，稀，初期直生后期弯生或离生，不等长。菌柄白色至灰褐色，具纤毛和纤维状长条纹，长 5～12 cm，粗 1～1.5 cm，表面脆骨质，里面纤维质，基部膨大有白色根状菌丝索。孢子印白色。孢子无色，光滑，卵圆形至宽椭圆形，(7.7～10) μm×(6.2～8.9) μm。褶缘囊状体袋状或棒状，(30～55) μm×(5～10) μm。

【地理分布】分布于黑龙江、吉林、山西、江苏、福建、四川、云南、贵州、青海、西藏等地。

【生长环境】夏、秋季生于腐木桩或埋于土中的腐木上，单生或丛生。

【毒性】可食用。菌肉细嫩，软滑，味道鲜美。无毒。

【功效作用】子实体入药，治疗小儿麻疹欲出不出及烦躁不安。据试验有抗癌作用。提取物对小白鼠肉瘤 180 的抑制率为 80%，对艾氏腹水癌的抑制率为 90%。

第三章　蘑　菇　科

双孢蘑菇

【拉丁名】*Agaricus bisporus*

【别名】白蘑菇、蘑菇、洋蘑菇、二孢蘑菇。

【归属】层菌纲伞菌目蘑菇科口蘑属。

【形态特征】子实体中等大。菌盖直径 5～12 cm，初期半球形，扁半球形，后期近平展，白色近光滑，干时变浅黄色，幼时边缘内卷。菌肉白色，厚，伤处略变浅红色。菌褶初粉红，后变至褐色及深褐色，密，窄，离生不等长。菌柄长 4.5～9 cm，粗 1.5～3.5 cm，白色，光滑，有时具丝光，近圆柱形，内实至松软。菌环单层，膜质，生菌柄中部，易脱落。孢子印深褐色或咖啡色。孢子褐色，椭圆形光滑，(6～8.5) μm×(5～6) μm。一般在担子上生 2 个孢子。

【地理分布】分布广泛。

【生长环境】春至秋季野生于草地、牧场、堆肥场等处。

【毒性】可食用，味道鲜美。

【功效作用】含多量酪氨酸酶，对降低血压十分有效。中医理论认为，其味甘性平，有宜肠益气、散血热、解表化痰、理气之功效。现代研究表明其有预防糖尿病及大肠癌的作用。

野蘑菇

【拉丁名】*Agaricus arvensis*

【别名】杂蘑、蕈子、野生蘑菇。

【归属】层菌纲伞菌目蘑菇科蘑菇属。

【形态特征】子实体中等至大型。菌盖直径 6～20 cm，初期球形，后扁半球形到平展，近白色，中部污白色，光滑，边缘常开裂，有时出现纵沟和细纤毛。菌肉白色，厚。菌褶初粉红色，后变褐色至深褐色，较密，离生，不等长。菌柄长 4～12 cm，粗 1.5～3 cm，近圆柱形，与菌盖同色，初中实，后变中空，伤不变色，有时基部略膨大。菌环双层，白色，膜质，较厚大，生菌柄上部，易脱落。孢子印深褐色，椭圆形到卵圆形，光滑，(7～9.5) μm×(4.5～6) μm。褶缘囊体淡黄色，近纺锤形，较稀疏，多单生，(25～37.8) μm×(5～7) μm。

【地理分布】分布于黑龙江、河北、河南、青海、山西、内蒙古、云南、西藏等地。

【生长环境】夏、秋季生于草地上。

【毒性】食用野蘑菇营养丰富，味道鲜美；条件可食用野蘑菇，指通过加热、水洗和晒干等处理后可吃的野蘑菇；有毒野蘑菇则不能食用。

【功效作用】可药用，有追风散寒，舒筋活络之效。对革兰氏阴、阳性菌有抑制作用及抗瘤活性。

四孢蘑菇

【拉丁名】*Agaricus campestris*

【别名】雷窝子、原野蘑菇、田草菇、白蘑菇。

【归属】层菌纲伞菌目蘑菇科蘑菇属。

【形态特征】子实体中等至稍大。菌盖初期球形至扁半球形，后渐平展，直径3～12.5 cm，有时中部下凹，白色至乳白色，有时呈浅褐色，不黏，光滑或后期具丛毛状鳞片，干燥时边缘开裂。菌肉白色，厚。菌褶初粉红，后变至褐色及深褐色，较密，离生，不等长。菌柄较短粗，圆柱形，有时稍弯曲，长1～9 cm，粗0.5～2 cm，近光滑或略有纤毛，白色，中实。菌环单层，白色，膜质，生菌柄中部，易脱落。孢子印褐色。孢子褐色，椭圆形至广椭圆形，光滑，(6.5～10) μm×(5～6.5) μm。

【地理分布】分布于黑龙江、吉林、河北、江苏、台湾、陕西、甘肃、山西、新疆、西藏、内蒙古、四川、云南等地。

【生长环境】春、夏、秋季野生于草地、田野、路旁、堆肥场、林间空地，常成群或单个生长。

【毒性】可食用，是优良食用菌。

【功效作用】经常食用可预防脚气病、身体疲倦、食欲不振、消化不良及妇女在哺乳期乳汁分泌减少，预防毛细血管破裂、牙床及腹腔出血、皮肤粗糙病及贫血症。含有野菇菌素(campestrin)，对革兰氏阳性菌、革兰氏阴性菌有抑制作用。还有抗金黄色葡萄球菌、伤寒杆菌和大肠杆菌及降低血糖的作用。生物碱有抗癌作用，提取物对小白鼠肉瘤180和艾氏腹水癌的抑制率为80%。

紫蘑菇

【拉丁名】*Agaricus rubellus*

【别名】微红伞菌。

【归属】层菌纲伞菌目蘑菇科蘑菇属。

【形态特征】菌盖直径 4～6 cm，初污白色，后淡红色，扁半球形，平展，覆有淡褐色或紫红色的平状鳞片，中部色深，后期变为紫褐色。菌肉白色，较厚，后期粉红色。菌褶肉红色，深褐色到黑褐色，较密，离生，不等长。菌柄长 5～7 cm，粗 0.5～1 cm，白色，膜质，单层，易脱落，有时破裂贴在菌盖边缘，菌柄上仅留有痕迹。孢子印深褐色。孢子褐色，广椭圆形至卵圆形，光滑，(6～7.5) μm×(4.5～5) μm，褶缘有不孕细胞，棒形，(25～27.5) μm×(6.5～7.5) μm。

【地理分布】分布于江苏、四川、云南等地。

【生长环境】秋季单生至丛生于针阔混交林中的草地上。

【毒性】可食用。

【功效作用】据现代研究表明，紫蘑菇具有高免疫力，镇痛、镇静、化痰止咳、通便排毒的作用。

白杵蘑菇

【拉丁名】*Agaricus nivescens*

【别名】杵子蘑、白杵子。

【归属】层菌纲伞菌目蘑菇科蘑菇属。

【形态特征】子实体中等或较大。菌盖直径 6～15 cm，初半球形，中部扁平，后展开，常具轻微龟裂，或有亮光，白色或淡黄色，伤变柠檬黄色，光滑，有时边缘稍带绒毛并常留有菌幕残片。菌肉白色，厚，伤变淡乳黄色，略带杏仁味。菌褶初期色淡，后变粉肉色到黑褐色，褶缘色淡，密，窄，离生，不等长。菌柄长 6～10 cm，粗 3～5 cm，圆柱状或下部稍粗，有少数白色或丝状纤毛，老时光滑，可变中空，伤变柠檬黄色。菌环单层，白色，厚，在菌柄中部，上面光滑，下面有白色鳞片，后变浅褐色。孢子印深褐色。孢子褐色，卵圆形，广椭圆形，光滑，(5.5～7) μm×(4.5～5.6) μm。褶缘囊状体淡黄色，卵圆形，(9～15.6) μm×(6.5～12.5) μm。

【地理分布】分布于河北、内蒙古、新疆等地。

【生长环境】秋季群生或散生在草原上形成蘑菇圈。

【毒性】可食用，当地多采食，并见于市场。

【功效作用】无。

双环林地菇

【拉丁名】*Agaricus placomyces*

【别名】扁圆盘伞菌，双环菇、白蘑菇。

【归属】层菌纲伞菌目蘑菇科蘑菇属。

【形态特征】子实体中等至稍大。菌盖幼时扁半球形，后平展，有时中央部分稍凸，直径 3～14 cm，近白色，中部淡褐色到灰褐色，覆有纤毛组成的褐色鳞片，边缘有时纵裂或有不明显的纵沟。菌肉白色，较薄，唯中央稍厚，菌褶稠密，初为白色，后很快变为粉红色，后呈褐色到黑褐色，稠密，离生，不等长。菌柄近圆柱形，长 3.5～10 cm，粗 0.25～1.5 cm，白色，光滑，内部松软，后变中空，基部稍膨大，伤变浅黄色，后恢复原状。菌环边缘成双层，白色，后渐变为淡黄色，膜质，表面光滑，下面略呈海绵状，生菌柄中上部，干后有时直立在菌柄上，易脱落。孢子褐色，卵圆形到广椭圆形，光滑，(5～7) μm×(3.5～5) μm。褶缘囊体无色至淡黄色，宽棒状，丛生，(18.8～31) μm×(8～14) μm。孢子印深褐色。

【地理分布】分布于黑龙江、河北、山西、江苏、安徽、湖南、台湾、青海、云南、西藏等地。

【生长环境】秋季生于阔叶林中地上，散生至成群生长。

【毒性】可食用，味美可口。据记载有毒，应慎食。

【功效作用】据记载，此菌试验抗癌提取物对小白鼠肉瘤 180 和艾氏腹水癌的抑制率为 100%。

白林地蘑菇

【拉丁名】*Agarivus silvicola*

【别名】林生伞菌。

【归属】层菌纲伞菌目蘑菇科蘑菇属。

【形态特征】子实体中等至稍大，初扁半球形，后平展，有时中央稍凸。菌盖直径 5～12 cm，近白色、白色或淡黄色，有时中部淡褐色，覆有平伏的丝状纤毛，边缘有常开裂。菌肉白色，稍厚。菌褶初白色，渐变粉红色、褐色、黑褐色，密，离生，不等长。菌柄长 7～15 cm，粗 0.5～1.6 cm，污白色，光滑，松软到中空，近圆柱形，基部稍膨大，伤变黄色，尤其基部更明显。菌环单层，白色，膜质，生菌柄上部，上部平滑，下面棉绒状，大，易脱落。孢子褐色，椭圆形到卵形，光滑，多数有一个油滴，(5.5～8) μm×(3.5～5.5) μm。褶缘囊状体近洋梨形。孢子印深褐色。

【地理分布】分布于黑龙江、吉林、辽宁、河北、山西、台湾、甘肃、青海、四川、云南等地。

【生长环境】夏、秋季，在林中地上单个生长或成群生长。

【毒性】可食用。菌肉厚，味道较好，但也有怀疑的记载，食用时注意。

【功效作用】无。

林地蘑菇

【拉丁名】*Agaricus silvaticus*

【别名】林地伞菌。

【归属】层菌纲伞菌目蘑菇科蘑菇属。

【形态特征】子实体中等或稍大。菌盖直径 5～12 cm，扁半球形，逐渐伸展，近白色，中部覆有淡褐色或红褐色鳞片，向外渐稀，干燥时边缘呈辐射状裂开。菌肉白色，较薄。菌褶初白色，渐变粉红色，后栗褐色到黑褐色，稠密，离生，不等长。菌柄长 6～12 cm，粗 0.8～1.6 cm，白色，菌环以下有白色纤毛状鳞片，填充到中空，基部略膨大，伤变污黄色。菌环单层，白色，膜质，生菌柄上部或中部，易脱落。孢子印深褐色。孢子暗褐色，椭圆形到卵圆形，光滑，具芽孔，(5.5～6.5(8)) μm×(3.5～4.5) μm。褶缘囊状体近宽棍棒状。

【地理分布】分布于黑龙江、吉林、辽宁、河北、山西、江苏、安徽、浙江、新疆、四川、云南、西藏等地。

【生长环境】夏、秋季单个或成群生长于针叶或阔叶林中地上。

【毒性】可食用。

【功效作用】无记载。

赭鳞蘑菇

【拉丁名】*Agaricus subrufescens*

【别名】赭鳞黑伞。

【归属】层菌纲伞菌目蘑菇科蘑菇属。

【形态特征】子实体中等或较大。菌盖薄，直径 4～10 cm，扁半球形，后稍平展，浅朽叶色至朽叶色，密被绒毛状反卷的鳞片。菌肉薄，浅褐色。菌柄近圆柱形，向下渐粗，空心，长 5～15 cm，粗 0.8～1.5 cm，菌环以下同盖色、具鳞片。菌褶离生，密，暗紫褐色，不等长。孢子椭圆形，光滑，紫褐色，(6.5～7) μm×(4～5) μm。孢子印暗紫褐色。褶缘囊状体棒状，无色，(18～22) μm×(8～10) μm。

【地理分布】分布于黑龙江、吉林、山西、河南、江苏、福建、四川、云南、西藏等地。

【生长环境】秋季生林中地上，单个生长或成群生长。

【毒性】可食用。

【功效作用】可提高机体免疫力。赭鳞蘑菇的有效成分可增强 T 淋巴细胞功能，从而提高机体抵御各种疾病的免疫功能；镇痛，镇静。巴西某研究所从赭鳞蘑菇中提取到一种物质 Act-2，具镇痛、镇静功效，其镇痛效果可代替吗啡；赭鳞蘑菇提取液用于动物实验，发现其有明显的镇咳、稀化痰液的作用；据记载，有抗癌功效，提取物对小白鼠肉瘤 180 抑制率高达 100%。

麻脸蘑菇

【拉丁名】*Agaricus villaticus*

【别名】麻脸菇。

【归属】层菌纲伞菌目蘑菇科蘑菇属。

【形态特征】子实体大型。菌盖直径 10～15 cm，初球形，扁半球形，后平展，淡黄色，具平伏的褐色细鳞片，形似麻点。菌肉白色，厚。菌褶初近白色，渐变粉红色到黑褐色，密，离生，稠密，不等长。菌柄长 6～8 cm，粗 1.5～2.5 cm，白色具淡黄色细鳞片，内部松软到中实，基部稍膨大，向上渐细。菌环单层，白色，膜质，较大而厚，生菌柄中部至上部，不易脱落。孢子印深褐色。孢子褐色，光滑，广椭圆形到椭圆形，(7～9(8)) μm×(5.6～6) μm。褶缘囊状体黄色，棒状，丛生到栅栏状排列，(22～31.6) μm×(8～9.5) μm。

【地理分布】分布于新疆、吉林、山西、西藏等地。

【生长环境】春至秋季单生或群生于草原上。

【毒性】可食用，味道较好。

【功效作用】无。

大紫蘑菇

【拉丁名】*Agaricus augustus*

【别名】窄伞菌。

【归属】层菌纲伞菌目蘑菇科蘑菇属。

【形态特征】子实体一般大型。菌盖直径 8～15 cm，褐色，初近球形，后扁半球形至平展，有纤毛组成的紫褐色鳞片，周围稍带红色。菌肉初粉红色，后呈暗紫褐色到黑褐色，窄，离生，不等长。菌柄长 8～11 cm，粗 2～25 cm，内部松软，后中空，圆柱形，有时基部稍膨大，稍带红色，菌环以上白色，光滑，有丝光，菌环以下覆有白色到黄褐色的毛状鳞片，常翘起，后变光滑。菌环双层，白色或枯草黄色，生菌柄上部或中部，有皱褶，易破裂。易脱落。孢子印深褐色。孢子褐色，光滑，椭圆形到近卵圆形，(7～9) μm×(5.5～6.5) μm。褶缘囊状体宽棍棒状、棒状到形状多样，

(15.2～17.7) μm×(7.6～12) μm。

【地理分布】分布于青海、黑龙江、西藏、新疆等地。

【生长环境】秋季生长在草原上，常分散或近丛生或成群生长。

【毒性】可食用，味较好，是较好的一种野生食菌。

【功效作用】无。

大肥蘑菇

【拉丁名】*Agaricus bitorquis*

【别名】双层环伞菌。

【归属】层菌纲伞菌目蘑菇科蘑菇属。

【形态特征】子实体大。菌盖直径 6～20 cm，初半球形，后扁半球形，顶部平或下凹，白色，后变为暗黄色，淡粉灰色到深蛋壳色，中部色较深，边缘内卷，表皮超越菌褶，无鳞片。菌肉白色，厚，紧密，伤略变淡红色，变色较慢。菌褶白色，后变粉红色到黑褐色，稠密，后呈暗紫褐色到黑褐色，窄，离生，不等长。菌柄短，粗壮，长4.5～9 cm，粗 1.5～3.5 cm，白色，内实，近圆柱形。菌环双层，白色，膜质，生菌柄中部。孢子印深褐色。孢子褐色，广椭圆形到近球形，光滑，(6～7.5) μm×(5.5～6) μm。褶缘囊状体棒状，无色，透明，多，(14～20) μm×(6～7) μm。

【地理分布】分布于青海、河北、新疆等地。

【生长环境】夏、秋季散生或单生于草原上。

【毒性】可食用。味鲜美，菌肉厚。

【功效作用】无。

金盖鳞伞

【拉丁名】*Phaeolepiota aurea*

【别名】金盖环锈伞、金褐伞。

【归属】层菌纲伞菌目蘑菇科鳞伞属。

【形态特征】子实体中等至大型，黄色。菌盖直径 5～15(30) cm，初期半球形，扁半球形，后期稍平展，中部凸起或稍有皱，金黄，橘黄色及密布粉状颗粒，老后边缘有不明显的条纹。菌肉白色带黄色，厚。菌褶初期白色带黄色，后变黄褐色，直生，不等长，较密，褶缘皱状或有小锯齿。菌柄细长，圆柱形，基部膨大，有橘黄至黄褐色纵向排列的颗粒状鳞片，长 5～15(25) cm，粗 1.5～3(5) cm。菌环膜质，上表面光滑近白色,下面有颗粒并同菌柄联系在一起,不易脱落。孢子印黄褐色。孢子长纺锤形,光滑或有疣,(11～14) μm×(4～6) μm。

【地理分布】分布于甘肃、陕西、西藏、吉林、福建等地。

【生长环境】夏、秋季生长于针叶林或针阔混交林中地上,分散或成群生长,有时近丛生。

【毒性】此菌在日本视为味道鲜美的野生优良食菌,但有记载曾在阿拉斯加地区发生中毒事故,采食时务必注意。

【功效作用】无。

第四章 鬼 伞 科

墨汁鬼伞

【拉丁名】*Coprinus atramentarius*

【别名】柳树钻、鬼盖、鬼伞、鬼屋、鬼菌、地盖、地苓、柳树菌、柳树蘑。

【归属】层菌纲伞菌目鬼伞科鬼伞属。

【形态特征】子实体小或中等大。菌盖初期卵圆形至钟形，当开伞时一般开始液化，流墨汁状汁液，未开伞前顶部钝圆，有灰褐色鳞片，边缘灰白色具有条沟棱，似花瓣状，直径 3～11 cm，或更大些；菌肉初期白色，后变灰白色。菌褶很密，相互拥挤，离生，不等长，开始灰白色至灰粉色，最后成汁液。菌柄近圆柱形，污白色，长 5～20 cm，粗 0.8～2.2 cm，向下渐粗，有丝状光泽，中空。菌环以下渐变细，表面光滑，膜质，易消失。孢子黑褐色，椭圆形至宽椭圆形，光滑，(7～12) μm×(5～6) μm。囊状体圆柱形，多而细长，(85～160) μm×(20～32) μm。孢子印黑色。

【地理分布】分布于黑龙江、吉林、河北、山西、江苏、湖南、福建、台湾、四川、青海、甘肃、内蒙古、西藏、新疆等地。

【生长环境】春至秋季，丛生在田野，路边，阔叶林中杨、柳等阔叶树根部附近的地上、林中、树桩、公园等地下有腐木的地方。

【毒性】可以食用，但也有人食用后中毒。尤其与酒同食可引起中毒。主要表现为精神不安，心跳加快，耳鸣、发冷、四肢麻木，脸色苍白等。其毒素被认为是胍啶，也有人认为起作用的是四乙基硫代脲脒样毒素。

【功效作用】可药用，性寒味甘，具有助消化，祛痰，解毒，消肿之功效；实体煮熟后烘干，研成细末和醋调成糊状敷用，治疗无名肿毒和其他疮疽；提取物对小白鼠肉瘤 180 和艾氏腹水癌的抑制率高达 100%。

毛头鬼伞

【拉丁名】*Coprinus comatus*

【别名】鸡腿蘑、毛鬼伞、牛粪菌、鬼伞菌、毛头鬼盖。

【归属】层菌纲伞菌目鬼伞科鬼伞属。

【形态特征】子实体较大。菌盖幼时呈圆柱形、桶形或腰鼓形，后似钟形，最后平展，当开伞后很快边缘菌褶溶化成墨汁状液体。菌盖直径 3～6.5 cm，高达 6～11 cm，初期洁白色、顶部淡红褐色，后期表面颜色为浅褐色至褐色，并随着菌盖长大而断裂成较大型鳞片。菌肉白色。菌柄白色，较细长，较薄；菌柄圆柱形且向下渐粗，长 5～25 cm，粗 1～2.5 cm，内部松软至空心，基部的地下部呈鳞茎状；菌环白色，较脆弱，易脱落，可上下移动，生于柄的中部。孢子黑色，光滑，椭圆形，(12.5～16) μm×(7.5～9) μm。具囊状体，棒状或圆柱状，顶部钝圆，无色，(24～60.3) μm×(11～12.3) μm。孢子印黑色。

【地理分布】分布于黑龙江、吉林、河北、山西、甘肃、内蒙古、青海、西藏、新疆等地。

【生长环境】春至秋季，生于阔叶林中的草地、田野、林缘、道旁、公园等处，甚至雨季在茅草屋顶上，单生或群生。

【毒性】可食用，肉质细嫩、营养丰富，目前已被定为符合联合国粮农组织(FAO)和世界卫生组织(WHO)要求具有集“天然、营养、保健”三种功能为一体的 16 种珍稀食用菌之一。

【功效作用】可药用，性平，味甘，有益脾胃、清神宁智、治疗痔疮等功效；含有腺嘌呤、胆碱、精氨酸、酪氨酸和色氨酸等生物碱，以及甾醇脂等八种脂肪酸，常食有降低人体血糖水平的作用，有治疗糖尿病的功效。据记载，提取物对小白鼠肉瘤 180 的抑制率为 100%，对艾氏腹水癌的抑制率为 90%。

白鸡腿蘑

【拉丁名】*Coprinus ovatus*

【别名】小孢毛鬼伞、卵状鬼伞。

【归属】层菌纲伞菌目鬼伞科鬼伞属。

【形态特征】菌盖高 4～10 cm，直径 2.5～6.5 cm，伸展后宽可达 7～10 cm，卵形到钟形，初期白色，后淡土黄色，顶端时常不开裂，像小帽，向下多裂为同心环状向外反卷的大鳞片。菌肉白色，较薄。菌褶初白色，宽 0.5～0.7 cm，后渐变为粉红色到黑色而与菌盖同时自溶为墨汁状，稠密，离生，不等长。菌柄长 7～16 cm，粗 0.8～1.8 cm，白色，光滑，中空，向上渐细，基部稍膨大，向下渐延伸成根状。菌环白色，膜质，易脱落，后期能沿菌柄上下活动。孢子印黑色。孢子黑褐色，椭圆形，卵圆形，光滑，(10～12.5) μm×(7～8) μm 长。囊状体袋状，长椭圆形，无色，光滑，(42.7～79) μm×(22.2～26.9) μm。

【地理分布】分布于河北、辽宁、山西、甘肃、青海、四川等地。

【生长环境】夏、秋季单生到群生于地上。

【毒性】可以食用，和墨汁鬼伞一样，与酒同食容易中毒。

【功效作用】无。

朱红花边伞

【拉丁名】*Hypholoma cinnabarinum*

【别名】橙红垂暮菇。

【归属】层菌纲伞菌目鬼伞科鬼伞属。

【形态特征】子实体为单生。菌盖直径约 3～10 cm，呈扁半球形，表面有橙黄色大型鳞片，尖直或竖起，多呈絮状，边缘延伸，多数有菌幕残片。菌肉呈黄白色，稍厚实，无不良气味。菌褶呈褐色至黑褐色，近离生，不等长，比较宽，较密。菌柄与菌盖颜色相同，菌环以下有明显大型鳞片，大小为(4～10) cm×(0.3～1.2) cm，内部较为松软。孢子印呈黑褐色；孢子较小，呈椭圆形，较光滑，呈褐色至深褐色，大小为(5～7.5) μm×(3～4.5) μm。

【地理分布】主要分布于福建、江苏、云南、香港等地。

【生长环境】夏季生于林内坡上或木麻黄树桩附近。

【毒性】据记载有毒，会引起胃肠道中毒反应。

【功效作用】无。

花褶伞

【拉丁名】*Panaeolus retirugis*

【别名】笑菌、舞菌(广西)、粪菌(北方)、牛屎菌(南方)、网纹斑褶菇。

【归属】层菌纲伞菌目鬼伞科花褶伞属。

【形态特征】子实体小。菌盖直径约 3 cm，灰色至褐色，顶部浅肉色色或稍深，近半球形。有皱纹或裂隙，具一定光泽，初期边缘附有菌幕残片，后期残片消失。菌褶稍密，为直生，不等长，颜色发灰，偶有灰黑相间的花斑，菌肉近白色。菌柄长约 15 cm，粗 0.2～0.6 cm，上部常有白色粉末状物质，下部为浅紫色，常卷曲，内部中空。孢子光滑，黑色，圆形，(10～16) μm×(6～13) μm。

【地理分布】分布地区较为广泛，主要分布于吉林、河北、四川、山西、内蒙古、湖南、香港、广东、广西、贵州、青海等地区。

【生长环境】春至秋季在有机质肥沃的地上成群生长。

【毒性】具有毒性，此种中毒后发病较快，表现为精神异常、跳舞唱歌、狂笑，产生幻视，有的昏睡或讲话困难。北方俗称“狗尿苔”。

【功效作用】无。

喜湿小脆柄菇

【拉丁名】*Psathyrella hydrophila*

【别名】喜湿花边伞。

【归属】层菌纲伞菌目鬼伞科脆柄菇属。

【形态特征】子实体小,质地较脆。菌盖直径 2.5～6 cm,半球形至扁半球形,中部略高,颜色为浅褐色至暗褐色,干燥时颜色较浅,边缘稍平滑或有不明显细纵纹,菌盖边沿常有菌幕残片。菌柄稍细长,多呈圆柱形,稍弯曲,奶浆白色,长 2～8 cm,粗 0.3～0.6 cm,较易断裂,近白色,中生,空心。孢子较光滑,紫褐色,近椭圆形,(5～6) μm×(3～3.5) μm。褶缘囊体宽呈木棍状,顶部钝圆,(29～34) μm×(10～11) μm。孢子印呈深紫褐色。

【地理分布】主要分布于我国香港、四川、广东、吉林、云南、西藏、山西等地。

【生长环境】夏、秋季,生于阔叶林的腐朽木上、腐木层上或周围地上,为丛生或群生。

【毒性】可食用,菌肉比较薄,肉质脆嫩。

【功效作用】无。

第五章　球盖菇科

白鳞环锈伞

【拉丁名】*Pholiota destruens*

【别名】白鳞环伞、杨环锈伞。

【归属】层菌纲伞菌目球盖菇科环锈伞属。

【形态特征】子实体中等至较大。菌盖直径 5～10.5(12) cm，扁半球形至扁平，稍黏，淡肉色至肉桂色，覆有白色鳞片，边缘稍内卷。菌肉白色，厚。菌褶弯生至直生，稍密至稠密，初期白色，后呈肉桂色，最后呈深咖啡色。菌柄长 3.5～9(12) cm，基部膨大处粗 1.5～3.5 cm，向上渐细，向下延伸成假根状，往往弯曲，内实，覆有白色毛状鳞片。菌环位柄上部，白色，松软，易脱落，常在柄上留有痕迹或菌盖边缘有残存膜片。孢子印肉桂褐色。孢子椭圆形或近卵形，平滑，锈黄色，(7.5～10) μm×(4.5～5.5(6))μm，有油滴。褶缘囊状体无色或稍带黄褐色，近圆柱形或棒形，(25～37(40)) μm×(7～8) μm。

【地理分布】分布于黑龙江、吉林、河北、新疆、西藏等地。

【生长环境】夏、秋季生杨树或其他阔叶树干上，单生至近丛生。

【毒性】可以食用，味道一般，干后气香。

【功效作用】据记载，有抗肿瘤活性。

滑菇

【拉丁名】*Pholiota nameko*

【别名】真珠菇、光帽鳞伞、光帽黄伞、滑子蘑、珍珠菇。

【归属】层菌纲伞菌目球盖菇科鳞伞属。

【形态特征】子实体小至中等大。菌盖直径 3～10 cm，初期扁半球形；后近扁平，表面平滑至有一层黏液，初期红褐色，后黄褐色，至浅黄褐色，中部色深。边缘平滑，初期内卷而有黏的菌膜残片。菌肉白黄色至较深色，近表皮下带红褐色，软嫩细嫩，中部厚。菌褶直生或延生，黄至锈色，密，宽，不等长，边缘常常波状。菌柄近柱形，或向下渐粗，长 2.5～8 cm，粗 0.4～1.5 cm，菌环以上污白色至浅黄色，菌环以下同盖色，近光滑，黏，内部实心至空心。菌环膜质，生柄上部，易脱落。孢子印深锈褐色。孢子宽椭圆形，卵圆形，光滑，浅黄色，(5.6～6.4) μm×(2.8～4) μm。褶缘囊状体近棒状，无色，(25～35) μm×(5.6～6.5) μm。

【地理分布】分布于台湾、广西、西藏等地。目前已在黑龙江、辽宁、吉林等地引种栽培。

【生长环境】秋季丛生或群生于阔叶树倒木、树桩上。

【毒性】味鲜美，可以食用，无毒。

【功效作用】子实体的热水提取物多糖体，对小白鼠肉瘤180的抑制率为86.5%；子实体氢氧化钠提取物对小白鼠肉瘤180的抑制率为90%，对艾氏腹水癌的抑制率为70%。同时可预防葡萄球菌、大肠杆菌、肺炎球菌、结核杆菌的感染。

黄伞

【拉丁名】*Pholiota adipose*

【别名】柳蘑、黄蘑、多脂鳞伞、黄柳菇、多脂鳞伞、肥柳菇、柳松菇、柳树菌、刺儿菌、黄环锈菌、肥鳞耳、柳钉、黄丝菌。

【归属】层菌纲伞菌目球盖菇科环锈伞属。

【形态特征】子实体一般中等大。菌盖直径3～15 cm，幼时扁半球形，边缘常内卷，后渐平展，很黏，谷黄色，污黄色至淡黄色。有褐色近平伏的鳞片，呈同心圆排列，肉质。中央较密。菌肉白色或淡黄色，较致密；菌褶黄色至锈褐色，直生或近弯生，稍密，不等长。菌柄长4～15(20) cm，粗0.5～3 cm，圆柱形，与菌盖同生，有褐色反卷的鳞片，黏或稍黏，下部常带弯曲，纤维质，内实。菌环淡黄色，膜质，生柄之上部，易脱落。孢子锈色，椭圆形或长椭圆形，平滑，(7.5～9.5) μm×(5～6.3) μm。囊状体无色或淡褐色，棒状，未突越子实层，(30～42) μm×(6.3～7.5) μm。孢子印锈褐色。

【地理分布】分布于吉林、河北、河南、山西、浙江、广西、甘肃、陕西、青海、新疆、四川、云南、西藏等地。目前已在黑龙江、辽宁、吉林等地引种栽培。

【生长环境】秋季，生于杨、柳及桦等的树干上，有时也生于针叶树干上，单生或丛生。

【毒性】味道较好，可以食用，无毒。

【功效作用】子实体表面有一层黏质，经盐水、温水、碱溶液及有机溶剂提取可得多糖体，该多糖体对小白鼠肉瘤180和艾氏腹水癌的抑制率达80%～90%；对葡萄球菌、大肠杆菌、肺炎球菌、结核杆菌有一定的抑制作用。

皱环球盖菇

【拉丁名】*Stropharia rugosoannulata*

【别名】皱球盖菇、酒红色球盖菇、斐氏球盖菇、斐氏假黑伞。

【归属】层菌纲伞菌目球盖菇科球盖菇属。

【形态特征】子实体中等至较大。菌盖半球形至扁平，直径 5～15 cm，湿润时稍黏，褐色至灰褐色或锈褐色，平滑或有纤毛状鳞片，干时表面有光泽，菌盖边缘初期内卷且附着菌幕残片。菌肉白色，稍厚。菌褶初时污白，渐变灰紫至暗褐紫色，直生，密，较宽，不等长。菌柄近圆柱形，靠近基部稍膨大，长 5～12 cm，粗 0.5～2 cm，菌环以上污白，近光滑，菌环以下带黄色细条纹，内部松软至变空心。菌环生中上部，膜质，较厚，窄，双层，白色或带黄色，上面具粗糙条纹，易脱落，往往上面落有孢子呈紫褐色。孢子光滑，棕褐色，椭圆形，具麻点，(11.4～15.5) μm×(8.9～10.9) μm。囊状体棒状，顶部有突起，((30)38～51) μm×(4～6(10)) μm。

【地理分布】分布于吉林、云南、西藏等地。

【生长环境】夏、秋季生长在林中或林缘草地上。

【毒性】味道较好，可以食用，无毒。

【功效作用】据试验，提取物对小白鼠肉瘤 180 和艾氏腹水癌的抑制率均达 70%。

毛柄库恩菇

【拉丁名】*Kuehneromyces mutabilis*

【别名】毛腿环锈伞、库恩菌、毛柄鳞伞。

【归属】层菌纲伞菌目球盖菇科库恩菌属。

【形态特征】子实体一般较小。菌盖直径 3～6 cm，扁半球形，凸形，后渐扁平，光滑，鲜时肉桂色至栗褐色，湿时呈半透明状，肉桂色，干后呈深蛋壳色，边缘在湿润状态有透明线条。菌肉白色或带褐色。菌褶直生或稍下延，稍密，薄，宽，初期近白色，后呈锈褐色。菌柄近圆柱形，长 3～7(10) cm，粗 0.3～0.8 cm，上下同粗，色与菌盖相似，上部颜色稍浅，下部颜色深，内部较松软，后期变中空，菌环以下部分有鳞片。菌环位柄之上部，膜质，与柄同色，易脱落。孢子淡锈色，椭圆形或卵形，平滑，(6～8) μm×(4～5) μm，有时有 1～2 个油滴。褶缘囊状体无色，棒形或圆柱形，有时顶端稍细，(20～35) μm×(6～8) μm。孢子印锈褐色。

【地理分布】分布于吉林、山西、青海、云南等地。

【生长环境】夏、秋季，丛生于阔叶树的木桩或倒木上。

【毒性】曾记载有毒。

【功效作用】无。

第六章　粪锈伞科

杨树菇

【拉丁名】*Agrocybe cylindracea*

【别名】柱状田头菇、柳菇、柳菌、柳环菌、柳松茸、茶树菇、茶薪菇、柱状环锈伞。

【归属】层菌纲伞菌目粪锈伞科田头菇属。

【形态特征】子实体小或中等大。菌盖初期半球形，后渐扁平，直径 2～10 cm，中部稍突起，幼时深褐色至茶褐色，渐变淡褐色，淡灰褐色至淡土黄色，边缘色淡，湿润时稍黏，平滑或往往中部多皱纹，肉质。菌肉污白色，中部较厚边缘薄。菌褶污黄褐色至褐色，密，直生至近弯生，不等长。菌柄呈圆柱状，长 3～8 cm，粗 0.4～1.2 cm，污白色，向下渐呈淡褐色，具纤毛状小鳞片，内实至松软，多弯曲和稍扭转。菌环生柄上部，白色，膜质，上面具细条纹，往往布满孢子而呈褐色。孢子淡黄褐色，光滑，椭圆形或宽椭圆形至卵圆形，(8～10.4) μm×(5.2～6.4) μm。褶缘囊体棍棒状，顶端钝圆，(16～31) μm×(7.8～10) μm。孢子印褐色。

【地理分布】分布于福建、台湾、云南、西藏等地。

【生长环境】春至秋季，生于油茶、柳、枫香等阔叶树的腐木上，或活树的枯枝上，丛生或单生。

【毒性】可以食用，味道较好。

【功效作用】杨树菇具有一定的药用价值，性甘、淡，味平。功能利尿渗湿，健脾止泻，清肺热，平肝明目。据清吴林《吴蕈谱》记载，可治“肺热面肿”；赵学敏《本草纲目拾遗》记载，可治“心痛”(胃炎、胃溃疡)。在福建的闽西北地区，民间有用风干保存的杨树菇治胃冷、胃炎水肿的传统，疗效甚佳。还具有抗癌功效，据试验，提取物对小白鼠肉瘤 180 和艾氏腹水癌的抑制率分别为 90%和 80%。

田头菇

【拉丁名】*Agrocybe aegerita*

【别名】白环锈伞。

【归属】层菌纲伞菌目粪锈伞科田头菇属。

【形态特征】子实体一般稍小。菌盖直径 2～8 cm，扁半球形，后渐展平，乳白色至淡黄色，边缘平滑，初期内卷，常有菌幕残片，稍黏，有时干后龟裂。菌肉白色，较厚。菌褶直生或近弯生，锈褐色，不等长。菌柄长 3.5～8.5 cm，粗 0.3～1 cm，白色，后变污白色，圆柱形，有粉末状鳞片，基部稍膨大，并具有白色绒毛。菌环为柄之上部，白色，膜质，易脱落。孢子印暗褐色。孢子锈色，平滑，椭圆形，往往一端平截，(10～13(15)) μm×(6.5～8) μm。囊状体较少，无色，棒形或顶端稍细，(30～55) μm×(10～20) μm。

【地理分布】分布于河北、山西、甘肃、江苏、陕西、湖南、四川、西藏、新疆等地。

【生长环境】春、夏、秋三季生于稀疏的林地上或田野，路边草地上。散生或群生至近丛生。可在腐殖质上试栽。

【毒性】味道较好，可以食用，无毒。

【功效作用】抑制肿瘤，据试验，该菌提取物对小白鼠肉瘤 180 和艾氏腹水癌的抑制率均高达 100%。

粪锈伞

【拉丁名】*Bolbitius vitellinus*

【别名】无。

【归属】层菌纲伞菌目粪锈伞科粪锈伞属。

【形态特征】子实体一般比较小。菌盖近半球形，近膜质，表面稍黏，中部浅黄色至柠檬黄色，边缘为米黄色，直径 2.1～4.6 cm，边缘有细长皱褶，延伸至顶部。菌肉较薄。菌褶近弯生，深肉桂色，窄，褶边缘色浅。菌柄稍细长，呈柱形，长 5.1～10.2 cm，粗 0.2～0.4 cm，质地脆硬，似透明样，较光滑，偶有或有白色细粉粒，浅黄白色，中空，基部稍有膨大。

【地理分布】分布于吉林、黑龙江、辽宁、山西、河北、内蒙古、四川、云南、江苏、湖南、陕西、西藏、福建、广东、青海、甘肃、新疆等地。

【生长环境】春至秋季，生长在牲畜粪上或肥沃地上，单生或群生。

【毒性】怀疑有毒，不可食。

【功效作用】无。

柔锥盖伞

【拉丁名】*Conocybe tenera*

【别名】柔弱锥盖伞、细胄伞。

【归属】层菌纲伞菌目粪锈伞科锥盖伞属。

【形态特征】子实体小，纤细，为浅黄褐色至浅红褐色。菌盖直径 1.1～2.1 cm，半球形至斗笠形，顶部较钝平，表面似水浸状，较光滑，中部颜色深，周围有细条纵纹。菌肉非常薄。菌褶为直生，密，为黄褐色至铜锈色，不等长。菌柄较细长，与盖同色，较易折断，长 7.1～10.3 cm，粗 0.1～0.4 cm，基部稍有膨大，中空。孢子印为铜锈色。孢子为椭圆，或有卵圆形，光滑，淡黄褐色，(10～12) μm×(5～7) μm。褶侧囊体近瓶状。

【地理分布】主要分布于云南、贵州、山西、江苏、新疆、福建、湖南、四川等地。

【生长环境】夏、秋季，单个或成群生长在林间草地上，也有生于路旁草丛中的。

【毒性】报道有毒，其毒素不明。采集生地上的食用菌时应注意区别。

【功效作用】无。

乳白锥盖伞

【拉丁名】*Conocybe lactea*

【别名】无。

【归属】层菌纲伞菌目粪锈伞科锥盖伞属。

【形态特征】子实体较小。菌盖直径 1.2～3.4 cm，形状多样，有伞形、斗笠形、近钟形，菌盖质薄，脆，为淡黄褐色，顶部颜色较深，边缘略浅，为黄白色，且有细条纹，表面稍黏。菌肉浅白色，也很薄。菌褶为直生，不等长，较密，初期为浅白色，后期呈黄锈色。菌柄为白色，圆柱形，空心，长 6～8 cm，粗 0.3～0.4 cm，基部稍膨大。孢子印为铜锈色。孢子光滑，为椭圆形至卵形，大小为(12～17) μm×(6.5～10) μm。褶缘囊状体呈瓶状。

【地理分布】在我国云南、青海、宁夏、陕西、香港、台湾等地都有大量分布。

【生长环境】初春，常见于肥沃的土壤中，如牧场、运动场、草坪、草地及腐烂的稻草上。

【毒性】据资料记载，乳白锥盖伞有毒，不可食用。

【功效作用】无。

第七章　丝膜菌科

长根滑锈伞

【拉丁名】*Hebeloma radicosum*

【别名】长根黏滑伞。

【归属】层菌纲伞菌目丝膜菌科滑锈伞属。

【形态特征】子实体较小。菌盖直径 3～4 cm，初期半球形，后平展，中部稍突起，浅黄褐色，平滑，湿时黏，边缘薄似波状或上翘。菌肉白色，稍厚。菌褶弯生，密，不等长，稍宽，灰赭色。菌柄长 7～8 cm，粗 0.7～0.9 cm，圆柱形，基部稍膨大，黄褐色，顶部白色，有粉末，下部具条纹，质脆，内实至空心。孢子印黄褐色。孢子卵圆形，浅黄褐色，具疣，(9.5～10) μm×(6.5～7) μm。褶缘囊状体棒状，(30～80) μm×(9～11) μm。

【地理分布】分布于吉林、四川、福建等地。

【生长环境】夏、秋季散生于针叶林或针阔混交林地上。

【毒性】可食用，无毒。

【功效作用】无。

球根白丝膜菌

【拉丁名】*Leucocortinarius bulbiger*

【别名】球根口蘑。

【归属】层菌纲伞菌目丝膜菌科白丝膜菌属。

【形态特征】子实体中等大。菌盖直径 6～9(12) cm，初期半球形，后渐展平，顶部稍突起，光滑，淡赭色，中部色深，边缘往往附丝状菌幕残片。菌肉白色，较厚。菌褶近白色，后变赭色，较密，近直生至近弯生，不等长。菌柄近柱形，长 5.5～12 cm，粗 0.7～1.4 cm，污白色或带浅黄褐色，幼时具白色丝膜状菌环，内实，具纤毛，基部明显膨大呈球形或块茎状。孢子印近白色或奶油色，后变浅赭色。孢子无色或稍带黄色，光滑，卵圆形至椭圆形，壁厚，(6.4～10) μm×(4.6～6) μm。

【地理分布】分布于黑龙江、吉林、甘肃等地。

【生长环境】春、夏、秋三季生于稀疏的林地上或田野,路边草地上。散生或群生至近丛生。可在腐殖质上试栽。

【毒性】可以食用,干品气味香,无毒。

【功效作用】无。

蜜环丝膜菌

【拉丁名】*Cortinarius armillatus*

【别名】无。

【归属】层菌纲伞菌目丝膜菌科丝膜菌属。

【形态特征】子实体中等至较大。菌盖直径 4～15 cm,初期近钟形至扁半球形或扁平,中部突起,表面平滑且有深色细条纹,红褐色,中部色暗,边缘平滑。菌肉污白色,稍厚。菌褶直生至弯生,稍密,较宽,不等长,浅黄褐色至褐锈色。菌柄较细长,近圆柱状,长 6～16 cm,粗 1～1.8 cm,表面纤维状,浅褐色,顶部和基部色浅至污白色,中下部至靠上部均有朱红色呈环带状排列的痕迹,内部实心至松软。孢子椭圆形,浅黄褐色,粗糙,(10～13) μm×(6～8) μm。

【地理分布】分布于内蒙古、西藏等地。

【生长环境】夏、秋季成群或单生于桦、杨等阔叶林地上。属外生菌根菌,可能与桦、栎树及杨树等树木形成菌根。

【毒性】据记载,味道很好,可食用,无毒。

【功效作用】无。

蓝丝膜菌

【拉丁名】*Cortinarius caerulescens*

【别名】芋头菌。

【归属】层菌纲伞菌目丝膜菌科丝膜菌属。

【形态特征】子实体中等大。菌盖直径 3.5～11.5 cm,菌盖幼时呈扁半球形,后渐平展,蓝灰色至土褐色,老后全部淡褐色,有平伏丝状物,很黏,边缘有丝膜。菌肉淡蓝紫色,中央较厚,致密,边缘处薄,后期色淡;菌柄近圆柱形,长 5～10 cm,粗 10～15 mm,颜色与菌盖相近,表面有较细绒毛,内实,基部呈圆球状,污白色;菌褶弯生到近直生,稍密,不等长,蓝灰褐色,老后淡褐色,有锈褐色丝状物,基部膨大成球形,有时近臼形,白色,纤维肉质;菌幕网状,淡紫色,后期自然消失,但会在菌柄上留有环状菌痕。孢子近椭圆形或近杏仁形,有小疣,(9～11.5) μm×(5.5～6.5) μm。孢子印锈褐色。

【地理分布】分布于吉林、安徽、云南等地。

【生长环境】夏、秋季，群生、丛生或单生于阔叶林中地上。为树木外生菌根菌。

【毒性】据记载，肉质细腻，味美可口，是人们喜食的食用菌。

【功效作用】据试验，该菌提取物对小白鼠肉瘤180和艾氏腹水癌的抑制率分别为80%和90%。

黏柄丝膜菌

【拉丁名】*Cortinarius collinitus*

【别名】子蘑、油蘑、黏腿丝膜菌。

【归属】层菌纲伞菌目丝膜菌科丝膜菌属。

【形态特征】子实体小至中等大。菌盖直径4～10 cm，扁半球形，后平展，部分中间凸起，淡土黄色至黄褐色，黏滑，边缘平滑无条纹或有丝膜。菌肉近白色。菌褶弯生，土黄色，老后褐色，不等长，中间较宽。菌柄长4～15 cm，粗1～1.2 cm，圆柱形或向下渐细，污白色，下部带紫色，黏滑，有环状鳞片，菌幕网状。孢子印锈褐色。孢子淡褐色，粗糙，扁球形或近椭圆形，((10)12.5～16(17.5)) μm×(7～9) μm。褶缘囊状体近担子形或近棒状，无色，(37.5～50) μm×(9～15) μm。蓝灰色至土褐色，老后全部淡褐色，有平伏丝状物，很黏，边缘有丝膜。菌肉淡蓝灰色。菌褶弯生到近直生，不等长，蓝灰褐色，老后淡褐色，有锈褐色丝状物，基部膨大成球形，有时近臼形，白色，纤维肉质。孢子印锈褐色。孢子近椭圆形或近杏仁形，有小疣，(8～12) μm×(5.5～6.5) μm。

【地理分布】分布于黑龙江、吉林、四川、西藏等地。该菌与云南松、山杨、栎等树形成菌根。

【生长环境】秋季生于混交林中地上。

【毒性】据记载，味道很好。

【功效作用】据试验，该菌提取物对小白鼠肉瘤180抑制率为80%，对艾氏腹水癌的抑制率为90%。

紫绒丝膜菌

【拉丁名】*cortinarius violaceus*

【别名】蹚子蘑、油蘑、黏腿丝膜菌、堇紫丝膜菌。

【归属】层菌纲伞菌目丝膜菌科丝膜菌属。

【形态特征】子实体中等至较大，子实体全部呈深堇紫色，菌盖直径3.5～8.5

(12) cm,扁半球形,边缘稍内卷,丝膜易消失,表面不黏,有绒毛和成簇的小鳞片,在盖之中部更密。菌肉呈深堇紫色。菌褶幼时堇紫色,后渐变为锈褐色,排列稀疏,宽,褶间有横脉,初期直生,后渐变为弯生,较稀。菌柄长 4.5～15 cm,粗 0.9～2.5 cm,基部膨大似球形,向上逐渐变细,表面覆有丝状绒毛,中生,肉质,内部松软。孢子椭圆形,锈褐色,有小疣,(9.6～12) μm×(7～8) μm。囊状体无色,近棒状或顶端稍尖细,(20～35) μm×(8～10) μm。褶缘囊体稠密,多呈棒状,有时顶端呈奶头状,顶端无色,中下部常带淡褐色,(50～75) μm×(12～20) μm。孢子印褐色。

【地理分布】分布于安徽、云南、新疆、西藏等地。

【生长环境】秋季散生或单生于混交林中地上,与云杉、榛等树木形成菌根。

【毒性】可食用,肉质细嫩,鲜美可口。

【功效作用】据试验,该菌提取物对小白鼠肉瘤 180 抑制率为 100%,对艾氏腹水癌的抑制率为 90%。

紫丝膜菌

【拉丁名】*Cortinarius purpurascens*

【别名】蹚子蘑、油蘑、黏腿丝膜菌、紫色丝膜菌。

【归属】层菌纲伞菌目丝膜菌科丝膜菌属。

【形态特征】子实体中等至较大,菌盖直径 5～12 cm,幼时扁半球形,后期渐平展,表面光滑,后期带紫褐或橄榄褐至茶色,边缘色淡而有丝膜状物。菌肉带紫色,稍厚。菌褶初期紫色,后变为褐黄至锈褐色,弯生,不等长,稍密。菌柄长 4～10 cm,粗 1～2 cm,圆柱形,基部膨大呈臼形,淡堇紫色或渐变浅色,内实,表面近光滑或有条纹。孢子印锈色。孢子近椭圆形或近卵圆形,淡锈色,表面粗糙有小疣,(10～12) μm×(6～7.5) μm。与菌盖同色或稍淡,向下部稍膨大且基部渐细,具丝状绒毛,内部松软。孢子椭圆形,有小疣,(10～12) μm×(6～7.5) μm。囊状体无色,近棒状或顶端稍尖细,(20～35) μm×(8～10) μm。褶缘囊体稠密,多呈棒状,有时顶端呈奶头状,顶端无色,中下部常带淡褐色,(50～75) μm×(12～20) μm。孢子印褐色。

【地理分布】分布于吉林、湖南、四川、云南、西藏等地。

【生长环境】秋季,群生或散生于针阔叶混交林中地上。

【毒性】可食用,味道很好。

【功效作用】无。

皱盖罗鳞伞

【拉丁名】*Rozites caperata*

【别名】皱皮环锈伞、皱皮环柄菇。

【归属】层菌纲伞菌目丝膜菌科罗鳞伞属。

【形态特征】子实体中等至稍大。菌盖直径 5～12(15) cm，初期卵形或半球形，后中央凸起，伸展后呈扁平，褐黄色或土黄色，无毛，有显著的皱纹或凹凸不平。菌肉白色，中部厚。菌褶直生或弯生，稍密，宽，近白色，后呈锈色，常具有色较深或较浅的横带。菌柄近白色或淡黄色，粗壮，近圆柱形，内实，长 7～12(17) cm，粗 1～2 cm，基部有外菌幕残痕。菌环白色或黄色，膜质，位柄之中部或较上部。孢子印锈褐色。孢子淡褐色，椭圆形，有小疣，(11～14.6) μm×(7～8) μm。褶缘囊状体无色，近棒状，但顶端稍尖细，(30～37) μm×(9～12) μm。

【地理分布】分布于黑龙江、吉林、青海、云南、西藏等地。

【生长环境】秋季群生或单个生于林中地上。

【毒性】味道鲜美，属优良食用菌，无毒。

【功效作用】试验有抗癌作用，对小白鼠肉瘤 180 抑制率为 70%，对艾氏癌的抑制率为 70%。

第八章 红 菇 科

香乳菇

【拉丁名】*Lactarius camphoratus*

【别名】浓香乳菇、奶浆菌。

【归属】层菌纲伞菌目红菇科乳菇属。

【形态特征】子实体小。菌盖直径 2～4.5 cm，初期呈扁球形，后渐下凹，深肉桂色至海棠梨色，中部常常有小突起，不黏。菌肉颜色与菌盖相似或浅于菌盖，乳汁白色不变。菌褶较稠密，白色至淡黄色，老后色与菌盖相似，直生至稍下延，近柄处往往有分叉。菌柄长 2～5 cm，粗 0.4～1.4 cm，近柱形，色与菌盖相似，无毛，内部松软，后中空。孢子无色，近球形，有疣点和密集网纹，(7.3～9) μm×(7～8) μm。囊状体呈近梭形，具小尖，(60～90) μm×(8～10.9) μm。孢子印乳白色。

【地理分布】分布于吉林、江苏、广西、四川、贵州、云南等地。

【生长环境】夏、秋季，常群生或单个生于针叶林落叶稀疏的缓坡林中地上。

【毒性】可食用，味道柔和，具檀香气。

【功效作用】据试验，该菌提取物对小白鼠肉瘤 180 和艾氏腹水癌的抑制率均为 70%。

松乳菇

【拉丁名】*Lactarius deliciosus*

【别名】美味松乳菇、黄奶浆菌、紫花菌、奶浆菌、松树菌、桃花菌。

【归属】层菌纲伞菌目红菇科乳菇属。

【形态特征】子实体中等至大型。菌盖直径 4～13 cm，初期扁半球形，中央脐状，伸展后下凹，边缘最初内卷，后平展，湿时黏，无毛，表面呈鲜艳的虾仁色，胡萝卜黄色或深橙色，光滑，有或没有色较明显的环带，后色变淡，伤变绿色，特别是菌盖边缘部分变绿显著，菌肉初带白色，后变胡萝卜黄色至肉色，有一定的辛辣味，气味好闻。子实体各部会流出乳汁，颜色为橘红色。菌褶与菌盖同色，稍密，近柄处分叉，褶间具横脉，直生或稍延生，伤或老后变绿色，内部较松软，后变为中空，其切面初时为橙红色，后变为绿色。菌柄长 2～5 cm，粗 0.7～2.5 cm，近圆柱形或向基部渐细，有时具暗橙色凹窝，色同菌褶或更浅，伤变绿色，内部松软后变中空，菌柄切面先变橙红色，后变暗红色。孢子无色，广椭圆形，有疣和网纹，(8～10(11)) μm×(7～8(9)) μm。囊状体稀少，近梭形，(40～65) μm×(5～7) μm。孢子印近米黄色。

【地理分布】分布于辽宁、吉林、河北、河南、山西、江苏、安徽、浙江、台湾、甘肃、青海、四川、云南、西藏等地。

【生长环境】夏、秋季，单生至群生于松林或阔叶混交林地上，该菌是外生菌根，于云杉、铁杉、冷杉、高山松和马尾松形成菌根。

【毒性】可食用，该菌质脆味美，具有一定的辣味。松乳菇是一种纯天然的珍稀名贵食用菌类，被誉为“菌中王子”。

【功效作用】据报道，该菌提取物对肉瘤 180 和艾氏腹水癌有一定的抑制作用。

红汁乳菇

【拉丁名】*Lactarius hatsudake*

【别名】铜绿菌、鸡血菌。

【归属】层菌纲伞菌目红菇科乳菇属。

【形态特征】子实体中等大。菌盖直径 4～12 cm，扁半球形至扁平下凹或中央脐状，后伸展，表面光滑，湿时较黏，淡土黄色或杏黄色至肉色，有色较深之同心环带，伤后渐变蓝绿色。菌肉粉红色，乳汁橘红色渐渐变蓝绿色。菌褶橙色或杏黄色，稍密，延生，分叉，伤变蓝绿色。菌柄长 2～5 cm，粗 1～2 cm，中空，与菌盖同色，往往向下渐细并略弯曲。菌肉呈浅粉红色。孢子无色，广椭圆形，有网纹，(7.7～9.1) μm×(6～7) μm。孢子印为黄色。汁液红黑色，酷似鸡血，故名鸡血菌，由伤后变铜绿色，又名铜绿菌。

【地理分布】分布于吉林、河北、河南、福建、台湾等地。

【生长环境】夏初至秋季，单生至群生于松树林地上，常与马尾松等形成外生菌根。

【毒性】可食用，味道好。

【功效作用】据试验，该菌提取物对小白鼠肉瘤 180 的抑制率为 100%，对艾氏腹水癌的抑制率为 90%。

多汁乳菇

【拉丁名】*Lactarius volemus*

【别名】红奶浆菌、牛奶菌、奶菇、奶汁菇、饭汤菇、谷熟菌、米汤菌。

【归属】层菌纲伞菌目红菇科乳菇属。

【形态特征】子实体中等至较大。菌盖直径3～12 cm，幼时扁半球形，中部似脐状，伸展后中下部下凹呈漏斗状，表面琥珀褐色至深海棠梨色，平滑，无环带，边缘幼时内卷。菌肉白色或稍带黄色，久露空气中褐色，硬脆。乳汁多，白色，不变色。菌褶白色至浅黄色，受伤处带褐色，稍密，直生至延生，不等长，近柄处分叉。菌柄长4～9 cm，粗1.5～2.5 cm，近圆柱形，偶有弯曲，近光滑，色同菌盖，内实。孢子无色，近球形，有小疣和明显的网棱，(8.5～10.4) μm×(8.3～9.8) μm，囊状体多，梭形，淡黄色，壁厚，(49～107) μm×(7.3～12.7) μm。孢子印白色。

【地理分布】分布于吉林、河北、河南、福建、台湾等地。

【生长环境】夏、秋季节，散生或群生于松林或栎属、石栗属等阔叶林中地上，该菌属树木的外生菌根菌，与松、米槠、栲树、山毛榉、栎形成菌根，特别在稻谷成熟之时较多，故称谷熟菌。

【毒性】可食用，脆香可口。

【功效作用】可药用，有清肺胃、去内热之功效；据报道，该菌含有抗癌物质，对小白鼠肉瘤180的抑制率为80%，对艾氏腹水癌的抑制率为90%。

大红菇

【拉丁名】*Russula alutacea*

【别名】革质红菇、赭褶红菇、大红脸、红菌子、青杠菌、蘑菇。

【归属】层菌纲伞菌目红菇科红菇属。

【形态特征】子实体一般大型。菌盖直径4～16 cm，幼时菌盖扁半球形，后平展而中部下凹，湿时稍黏，较平滑，无绒毛，深苋菜红色，鲜或暗紫红色，边缘平滑或有不明显条纹。菌肉白色，菌褶初期白色，后变为浅黄色，菌褶等长或几乎等长，少数在基部分叉，褶间有横脉，直生或近延生，褶之前缘常常带红色。菌柄近圆柱形，长3.5～13 cm，粗1.5～3.5 cm，白色，上部或侧面偶带粉红色，或全部粉红色向下渐淡，肉质，中生，内部较松软。孢子淡黄色，近球形，有小刺或疣组成棱纹，近网状，(8～10.9) μm×(7.2～9.7) μm。囊状体近梭形，(67～123) μm×(9～15) μm。孢子印黄色。

【地理分布】分布于吉林、河北、河南、福建、台湾等地。

【生长环境】夏、秋季，散生或群生于松林、混交林或阔叶林中地上，大红菇是树木的外生菌根菌，与栎、栗、山毛榉、榛、鹅耳栎等树木形成菌根。

【毒性】可食用，味道柔和。

【功效作用】可药用，性平、味甘，具追风，散寒，舒筋，活络之功效，是中成药舒筋丸的主药之一。

红菇

【拉丁名】*Russula lepida*

【别名】美丽红菇、鳞盖红菇。

【归属】层菌纲伞菌目红菇科红菇属。

【形态特征】子实体中等。菌盖直径 4～9 cm，扁半球形，后平展至中央下凹，不黏，无光泽或绒状，中部有时被白粉，珊瑚红色或更鲜艳，可带苋菜红色，边缘有时为杏黄色，部分或全部褪至粉肉桂色或淡白色，边缘无条纹，菌肉白色，厚，常被虫食。菌褶白色，老后变为乳黄色，近盖缘处可带红色，稍密至稍稀，常有分叉，褶间具横脉。菌柄长 3.5～5 cm，粗 0.5～2 cm，白色，一侧或基部带浅珊瑚红色，圆柱形或向下渐细，中实或松软。孢子印浅乳黄色。孢子无色，近球形，有小疣，(7.5～9) μm×(7.3～8.1) μm。囊状体近梭形，(51～85) μm×(8～13) μm。

【地理分布】分布于吉林、河北、河南、福建、台湾等地。

【生长环境】夏、秋季群生或散生于林中地上。

【毒性】味道及气味好，但嚼后慢慢产生少许辛辣味或薄荷味，可食用。

【功效作用】味甘性温，有补虚养血、滋阴、清凉解毒的功效；治贫血、水肿、营养不良、产后恶露不尽、关节痛、手足麻木、四肢抽搐。还具有增加机体免疫力和抗癌等作用。

正红菇

【拉丁名】*Russula vinosa*

【别名】朱菰、葡酒红菇、真红菇、大红菇、红椎菌、大朱菇。

【归属】层菌纲伞菌目红菇科红菇属。

【形态特征】子实体一般中等大。菌盖直径 5～12 cm，初扁球形，后平展中部下凹，不黏，大红带紫，中部暗紫黑色，边缘光滑。菌肉白色，近表皮处淡红色，或浅紫红色。味道柔和，无特殊气味。菌褶白至乳黄色，干后变灰色，褶之前缘浅紫红色,不等长,具横脉,直生。菌柄长 4.5～10 cm,粗 1.5～2.5 cm,白色或杂有红色斑,或全部为淡粉红至粉红色,内部松软。孢子印干后呈淡乳黄色。孢子近球形,有小刺,(8.5～11.8) μm×(7.3～10.6) μm。囊状体多,梭形,(75～127) μm×(9～13.6) μm。

【地理分布】分布于福建,以闽西北地区为多。

【生长环境】夏、秋季群生于阔叶林中地上。大红菇是树木的外生菌根菌,可与米槠、栲树、红栲等树木形成外生菌根。

【毒性】味道鲜美,可食用,也可药用。

【功效作用】福建民间常用于补血、产妇及贫血者食用尤佳。

绿菇

【拉丁名】*Russula virencens*

【别名】变绿红菇、青盖子、青菌(东北)、青面梨菇(福建)、青蛙菌、绿豆菌(广西)、青脸菌(四川)、青头菌(昆明)、青汤菌(贵州)。

【归属】层菌纲伞菌目红菇科红菇属。

【形态特征】子实体中等至稍大。菌盖直径 3～12 cm,初球形,很快变扁半球形并渐伸展,中部常稍下凹,不黏,浅绿色至灰绿色,表皮往往斑状龟裂,老时边缘有条纹。菌肉白色。菌褶白色,较密,等长,近直生或离生,具横脉。菌柄长 2～9.5 cm,粗 0.8～3.5 cm,中实或内部松软。孢子印白色,孢子无色,近球形至卵圆形或近卵圆形,有小疣,可连成微细不完整网纹,(6.1～8.2(9.8)) μm×(5.1～6.7(7.3)) μm。囊状体较小,梭形,有的顶端分叉,状如担子小梗,(46～70) μm×(5.5～10.7) μm。

【地理分布】分布于黑龙江、吉林、辽宁、江苏、福建、河南、广西、西藏、四川、云南、贵州等地。

【生长环境】夏、秋季单生或群生于林中地上,该菌是树木的外生菌根菌,可与栎、桦、栲、栗等形成外生菌根。

【毒性】味道柔和,食用,味鲜美。据《滇南草本图说》记载,“主治眼目不明,能泻肝经之火,散热舒气,服之最良,但不可多食,食时宜以姜为配料”。

【功效作用】用于目赤肿痛、四肢麻木、腰腿疼痛等。据报道该菌提取物对小白鼠肉瘤 180 和艾氏腹水癌的抑制率均为 60%～70%。

黄孢红菇

【拉丁名】*Russula xerampelina*

【别名】黄孢花盖菇。

【归属】层菌纲伞菌目红菇科红菇属。

【形态特征】子实体中等至稍大。菌盖直径 4～13 cm，扁半球形，平展后中部下凹，不黏或湿时稍黏，边缘平滑，仅在老后可有不明显条纹，表皮不易剥离，深褐紫色或暗紫红色，中部色更深。菌肉肉色，后变淡黄色或黄色。味道柔和，有蟹气味、菌褶稍密至稍稀，初淡乳黄色后变淡黄褐色，直生，等长，少有分叉，褶间具横脉。菌柄长 5～8 cm，粗 1.5～2.6 cm，中实，后松软，白色或部分或全部为粉红色，伤变黄褐色，尤其在柄基部。孢子印深乳黄色或浅褐色。孢子淡黄色，近球形，有小疣，(8.5～10.6) μm×(7.6～8.8) μm。囊状体梭形，(54～100) μm×(8～12.7) μm。

【地理分布】分布于吉林、河南、江苏、云南、新疆等地。

【生长环境】夏、秋季散生于针栎林中地上。属树木的外生菌根菌，可与云杉、松、黄杉、铁杉、栎、杨、榛等树木形成外生菌根。

【毒性】可食用。

【功效作用】据报道该菌含抗癌物质，对小白鼠肉瘤 180 的抑制率为 70%，对艾氏腹水癌的抑制率为 80%。

红斑黄菇

【拉丁名】*Russula aurata*

【别名】金红菇。

【归属】层菌纲伞菌目红菇科红菇属。

【形态特征】子实体中等大。菌盖直径 5～8 cm，扁半球形，后平展至中部稍下凹，橘红色至橘黄色，中部往往较深或带黄色，老后边缘有条纹或不明显条纹。菌肉白色，近表皮处橘红色或黄色。味道柔和或微辛辣，气味好闻。菌褶淡黄色，等长，有时不等长。直生至几乎离生，稍密，褶间具横脉，近柄处往往分叉。菌柄长 3.5～7 cm，粗 1～1.8 cm，圆柱形，淡黄色或白色或部分黄色，肉质，内部松软后变中空。孢子印黄色，孢子淡黄色，有小刺和棱，相连近网状，(7.3～10.9) μm×(6.7～9.1) μm。囊状体少近梭形，(45～82(109)) μm×(8.9～10.9(14.6)) μm。

【地理分布】分布于黑龙江、吉林、安徽、河南、四川、贵州等地。

【生长环境】夏、秋季单生或群生于混交林中地上。属树木的外生菌根菌，可与栎、山毛榉等树木形成外生菌根。

【毒性】味道好，气味好闻。西南地区广泛采食，无毒。

【功效作用】据报道该菌有抗癌作用，对小白鼠肉瘤180的抑制率为70%，对艾氏腹水癌的抑制率为60%。

花盖菇

【拉丁名】*Russula cyanoxantha* Schaeff. Fr

【别名】蓝黄红菇。

【归属】层菌纲伞菌目红菇科红菇属。

【形态特征】子实体中等至稍大。菌盖直径5～12 cm，扁半球形，伸展后下凹，颜色多样，暗灰紫色，紫褐色或紫灰色带点绿，老后常呈淡青褐色，绿灰色，往往各色混杂，黏，表皮薄，易自边缘剥离，表皮有时开裂，边缘平滑，或具不明显条纹。菌肉白色，表皮下淡红色或淡紫色。无气味，味道好。菌褶白色，较密，不等长，分叉或基部分叉，近直生，褶间有横脉，老后可有锈色斑点。菌柄长4.5～9 cm，粗1.3～3 cm，肉质，白色，圆柱形，内部松软。孢子印白色。孢子近球形，有小疣，(7.3～9) μm×(6.1～7.3) μm。囊状体近棒状至梭形，(54～93) μm×(5～9) μm。

【地理分布】分布于黑龙江、吉林、安徽、河南、四川、贵州等地。

【生长环境】夏、秋季散生至群生于阔叶林中地上。属树木外生菌根菌，可与马尾松、高山松、云南松、高山栎、栗、山毛榉、鹅耳枥等树木形成外生菌根。

【毒性】味道较好，可食用，无毒。

【功效作用】据报道该菌对小白鼠肉瘤180的抑制率为70%，对艾氏腹水癌的抑制率为60%。

梨红菇

【拉丁名】*Russula cyanoxantha* f. *peltereaui* R. Maire

【别名】梨菇、铜脚菇、青面红菇。

【归属】层菌纲伞菌目红菇科红菇属。

【形态特征】子实体一般中等大。菌盖直径5～10 cm，扁半球形，平展后中部下凹，最终近漏斗形，浅青褐色、绿灰色、粉灰色，湿时或雨后稍黏，常具细小龟裂，边缘无条纹，或老后有不明显条纹。菌肉白色。菌褶白色，密而窄，分叉，近延生或延生。菌柄白色，长3～6 cm，粗0.6～2 cm，中实，后松软至中空，基部常常略细。

孢子印白色。孢子宽卵圆形或近球形，有分散小疣，疣间罕相连，(7.3～9.5) μm×(6～8) μm。囊状体梭形，近圆柱形，(38～56) μm×(5～9.1) μm。

【地理分布】分布于福建、湖北、广东、贵州、四川等地。

【生长环境】夏、秋季单生或群生于阔叶林中地上。属外生菌根菌，可与栲、栎等树木形成外生菌根。

【毒性】多鲜食，味道好，是当地传统的食用菌。

【功效作用】在福建供药用，作为补品供产妇食用。

大白菇

【拉丁名】*Russula delica*

【别名】美味红菇、背泥菇。

【归属】层菌纲伞菌目红菇科红菇属。

【形态特征】子实体中等至较大。菌盖直径 3～14 cm，初扁半球形，中央脐状，伸展后下凹至漏斗形，污白色；后变为米黄色或蛋壳色，或有时具锈褐色斑点，无毛或具细绒毛，不黏，边缘初内卷后伸展，无条纹。菌肉白色或近白色，伤不变色。味道柔和至慢慢地微麻或稍辛辣，有水果气味。菌褶白色或近白色，中等密，不等长，近延生，褶缘常带淡绿色。菌柄长 1～4 cm，粗 1～2.5 cm，内实，圆柱形或向下渐细，伤不变色，光滑或上部具微细绒毛。孢子印白色。孢子无色，近球形，小刺显著，稍有网纹，(7.6～10.6(～12.8)) μm×(6.9～8.8(～10.5)) μm。囊状体甚多，梭形，(49～112) μm×(7.3～10.9) μm。

【地理分布】分布于吉林、河北、江苏、安徽、浙江、甘肃、四川、贵州、西藏、云南、新疆等地。

【生长环境】夏、秋季单生或群生于阔叶林中地上。属外生菌根菌，可与云杉、冷杉、松、铁杉、黄杉、山毛榉、高山栎、山杨树等树木形成外生菌根。

【毒性】味道好，西南地区广泛采食。

【功效作用】据试验，该菌提取物对小白鼠肉瘤 180 和艾氏腹水癌的抑制率均为 100%。对多种病原菌有明显拮抗作用。

大朱菇

【拉丁名】*Russula rubra*

【别名】大红菇。

【归属】层菌纲伞菌目红菇科红菇属。

【形态特征】子实体中等大。菌盖直径 4～10 cm,初半球形,后平展中稍下凹,不黏,红色,老后色变暗,边缘粉红色或带白色,有微细绒毛,变光滑,边缘平滑或有不明显条纹。菌肉白色,表皮下粉红色,味道辛辣。菌褶白色,后浅赭黄色,密,通常基部分叉,离生或略延生,具横脉。菌柄长 3.5～8 cm,粗 1～2.5 cm,等粗或向下稍细,白色,偶尔在基部或一侧带粉红色。中实后变中空。孢子印黄色。孢子近球形,有疣或微刺,疣间罕有连线,(8～9) μm×(7～8) μm,囊状体梭形,(69～100) μm×(9～10.9) μm。

【地理分布】分布于黑龙江、吉林、福建、四川、湖北、云南等地。

【生长环境】夏、秋季生于林中地上。为树木的外生菌根菌。

【毒性】味道好,西南地区广泛采食。

【功效作用】无。

第九章　铆钉菇科

血红铆钉菇

【拉丁名】*Gomphidius viscidus*

【别名】红肉蘑、肉蘑、铆钉菇。

【归属】层菌纲伞菌目铆钉菇科红铆钉菇属。

【形态特征】子实体中等大，菌盖直径 3～12 cm，初期呈钟形或近伞形，后期平展，中部稍凸起，浅咖啡色至咖啡褐色，干时光滑有光泽，湿时稍黏。菌肉为浅红色，干后呈淡紫红色，菌柄基部稍有黄色。菌褶为延生，不等长，初期为青黄色，后期变为紫褐色。菌柄长 5～12 cm，粗 1.7～2.8 cm，圆柱形且向下渐细，实心，上部可见菌环。孢子印呈绿褐色。孢子青褐色，光滑，近纺锤形(14～22) μm×(6～7.5) μm。囊状体圆柱形，无色，(100～135) μm×(12～15) μm。

【地理分布】分布较广泛，主要分布于吉林、黑龙江、辽宁、河北、广东、山西、湖南、四川、云南、西藏等地。

【生长环境】夏、秋季，单生、群生于松林地上，该菌在北方与赤松形成菌根，是针叶树木重要的外生菌根菌。

【毒性】味道好，是华北地区重要的野生食用菌之一。

【功效作用】可供药用，可治疗神经性皮炎。

绒红铆钉菇

【拉丁名】*Chroogomphis tomentosus*

【别名】绒盖铆钉菇。

【归属】层菌纲伞菌目铆钉菇科红铆钉菇属。

【形态特征】菌盖直径 3～5 cm，肉质较厚，幼时近伞形，中部稍突，后期呈漏斗状，浅粉红色或橙褐色，中部颜色稍深，干时为红褐色，常具绒毛状小鳞片，表面干时光滑，湿时稍黏。菌柄内部实心，长 4～9 cm，粗 0.5～0.8 cm，色同菌盖或稍浅，向基部渐细。菌柄上部有丝状菌幕。菌肉较厚，初期浅褐色，成熟后变粉红色。菌褶延生,较稀疏,初期浅灰白色,后期变为灰色至褐色。孢子印橙褐色。孢子褐色,光滑,长椭圆形或长纺锤形,(16～20) μm×(6.5～7.5) μm。褶侧囊体和褶缘体呈柱形,(100～250) μm×(9.5～21) μm。

【地理分布】主要分布于吉林、西藏等地。

【生长环境】夏、秋季,生于云杉、冷杉等针叶林地上,可与云杉、赤松、高山松形成外生菌根菌。

【毒性】可食用。

【功效作用】无。

黏铆钉菇

【拉丁名】*Gomphidius glutinosus*

【别名】无。

【归属】层菌纲伞菌目铆钉菇科铆钉菇属。

【形态特征】子实体中等或较大。菌盖直径 4～12 cm,近半球形,为紫褐色到暗褐色,其表面往往光滑,上面常有一层黏液。菌柄的上部有菌环,呈丝膜状,消失后常留有菌痕。孢子印呈灰绿褐色。孢子呈浅黄褐色至褐色,较为光滑,近棱形,(16～23) μm×(5～7.6) μm。褶侧囊体呈长棍状,(100～180) μm×(10～16) μm。

【地理分布】主要分布于我国的广东、西藏、四川、山西等地。

【生长环境】夏、秋季,生于针叶林或针、阔混交林中地上,有单生,也有群生,属菌根菌,可与冷杉、云杉、松等许多针叶树林形成菌根。

【毒性】可食用。

【功效作用】无。

斑点铆钉菇

【拉丁名】*Gomphidius maculatus*

【别名】无。

【归属】层菌纲伞菌目铆钉菇科铆钉菇属。

【形态特征】子实体较小。菌盖半球形至扁平,大小 3～6 cm,初期浅粉色或浅褐色,后期色暗,边缘有褐色斑点,表面光滑。菌柄呈棒状,长 4～9 cm,粗 1.2～2 cm,下部渐变细,光滑,偶有纤毛,内实或松软。菌肉厚且较柔软,污白至带肉色。菌环膜质,位于上部。孢子印为青褐色。菌褶较宽、厚质、有长有短,偶有分支，初期浅白色，后期烟灰色。孢子呈椭圆形，淡烟褐色，较平滑，(15.2～20) μm×(5.1～7.6) μm。褶侧囊体近棒状，无色，(89～137) μm×(12.7～15(21)) μm。

【地理分布】主要分布于我国的黑龙江、吉林、四川、云南、西藏等地。

【生长环境】夏、秋季，生长在松、云杉等针阔混交林地上，群生、散生或单生。可与落叶松、松树形成菌根。

【毒性】可食用。

【功效作用】无。

亚红铆钉菇

【拉丁名】*Gomphidus subroseus*

【别名】无。

【归属】层菌纲伞菌目铆钉菇科铆钉菇属。

【形态特征】子实体一般较小。菌盖直径 4～6 cm，幼时呈半球形，成熟后较平展，浅粉红至淡红色，表面光滑。菌柄长 3.2～7.6 cm，粗 0.5～1.6 cm，近棍棒状，基部稍细。菌环位于菌柄之上，较薄，表层有黏液，孢子散落后呈黑褐色。菌肉厚，质硬，呈白色。菌褶为延生，较宽，白色至烟灰色。孢子(14～20) μm×(5～8(10)) μm，较为光滑，为卵圆形至椭圆形。孢子印呈黑色。褶侧囊体近棒状，(114～122) μm×(10～17.8) μm。

【地理分布】主要分布于我国的甘肃、西藏、云南等地。

【生长环境】夏、秋季，主要生于针叶林地上，单生或散生，与松树等针叶树形成菌根。

【毒性】可食用，味道好。

【功效作用】无。

红铆钉菇

【拉丁名】*Gomphidius roseus*

【别名】粉红铆钉菇、玫瑰红铆钉菇。

【归属】层菌纲伞菌目铆钉菇科铆钉菇属。

【形态特征】子实体较小。菌盖直径 3～7 cm，呈半球形，边缘较平展。浅粉红至珊瑚红色。干后较光亮。菌柄呈柱形，基部渐细，长 2.5～5.5 cm，粗 0.5～1.1 cm，上部白色，中部以下为浅灰白色，内实。菌肉初期白色，后期略带粉红色，中部肉厚。菌褶较稀，为延生，稍厚，略宽，菌柄处有分叉，近乎污白色。菌环呈絮状，生于菌柄之上。孢子印青褐色。孢子类纺锤形，较光滑，(15～18) μm×(5～6) μm。有褶侧囊体，棒形，无色，(85～150) μm×(12.5～16) μm。

【地理分布】主要分布于我国的吉林、辽宁、湖南、云南、江西、广东、四川、西藏等地。

【生长环境】夏、秋季，生于针叶树等混交林地上，群生或散生，可与松、云杉等树木形成外生菌根。

【毒性】可食用。

【功效作用】无。

第十章　网褶菌科

卷边网褶菌

【拉丁名】*Paxillus involutus*

【别名】卷边桩菇、卷伞菌、黄丝菌。

【归属】层菌纲伞菌目网褶菌科网褶菌属。

【形态特征】子实体中等至较大，浅土黄色至青褐色，菌盖幼时扁半球形，后渐平展至下凹，边缘内卷，表面初期有细绒毛，受伤处变褐色。菌盖直径 4～16 cm，最大达 20 cm，湿润时稍黏，老后绒毛减少至近光滑。菌肉浅黄色，较厚。菌褶浅黄绿色，青黄色，受伤变暗褐色，略有酸味，较密，延生，长短不一，靠近菌柄部分的菌褶间连接成网状。菌柄同盖色，往往偏生，长 4～8 cm，粗 1～2.7 cm，且上下不等粗，内部实心，基部稍膨大。孢子锈褐色，椭圆形，较平滑，(6～10) μm×(4.5～7) μm，褶侧囊状较多，披针形，(50～70) μm×(6～12) μm。孢子印锈褐色。

【地理分布】分布于黑龙江、吉林、北京、河北、湖南、山西、宁夏、安徽、四川、西藏、云南、贵州、福建等地。

【生长环境】春、秋或夏、秋季，多生于落叶阔叶林地上或混交林地上。单生或群生，该菌是外生菌根菌，可与桦木形成菌根关系。

【毒性】东北及其他一些地区广泛采食，但有报道有毒或生吃有毒，出现胃肠道病症。

【功效作用】可入药，是“舒筋散”中药的成分之一，有治腰腿疼痛、手足麻木、筋络不舒的功效。

毛柄网褶菌

【拉丁名】*Paxillus atrotometosus*

【别名】黑毛卷伞菌、黑毛桩菇。

【归属】层菌纲伞菌目网褶菌科网褶菌属。

【形态特征】子实体中等至较大，呈深褐色。菌盖直径 6～11 cm，半球形，后期中部下凹，浅黄褐色，锈褐色或烟灰色，具细絮状绒毛，边缘内卷。菌柄为偏生，有绒毛，为深褐色至紫黑褐色，较粗，长 3～10 cm，粗 1～3 cm。菌肉浅白色，略厚。菌褶延生，长短不一，为淡黄褐色，后期变为黄褐色至深褐色，菌褶间有网状横细纹。孢子呈黄色至土黄色，表面光滑，呈卵圆或宽椭圆形，壁厚，具一油滴，(4.5～7.5) μm×(3～5) μm。

【地理分布】主要分布于我国吉林、江苏、河北、安徽、广东、广西、河南、湖南、云南、四川、西藏、福建等地。

【生长环境】春至秋季，常单个或丛生于针叶林、竹林等地上或腐木上，可引起木材腐朽。

【毒性】有毒，不宜食用。

【功效作用】无。

覆瓦网褶菌

【拉丁名】*Paxillus curtisii*

【别名】波纹网褶菌、波纹卷伞菌、波纹桩菇。

【归属】层菌纲伞菌目网褶菌科网褶菌属。

【形态特征】子实体中等至较大。菌盖扁平，直径 3～15 cm，幼时黄色，成熟后为茶灰褐色，表面有细绒毛或光滑，边缘向内卷曲，无菌柄，菌肉黄色，具较浓的腥臭气味。菌褶较密，呈波浪形状，大小不等，分支交叉成网状，初期浅橘黄色，老后色为深烟色。孢子印锈色。孢子较光滑，很小，椭圆形，浅青黄色，大小(3～4) μm×(2～2.5) μm。

【地理分布】主要分布于我国河南、广东、广西、云南、山西、四川、西藏、福建、香港等地。

【生长环境】夏、秋季，在阔叶林等树木桩上覆瓦状生长。

【毒性】此菌有强烈的腥臭气味，一般无人采食，群众反映及文献记载认为有毒。

【功效作用】无。

耳状网褶菌

【拉丁名】*Paxillus panuoides*

【别名】耳状桩菇。

【归属】层菌纲伞菌目网褶菌科网褶菌属。

【形态特征】子实体小至中等。菌盖直径 3～8 cm，初期较平展，后期多数为半圆形或近半圆形，淡黄色至褐黄色，表面覆绒毛状小鳞片，后期变光滑，边缘波状或瓣裂。菌肉较薄，近白色。菌褶延生，淡黄色至橘黄色，具横纹，较密，窄。孢子印铜锈色。孢子浅黄至褐色，近球形，大小（4～5）μm×（3～4）μm。

【地理分布】主要分布于我国黑龙江、吉林、河北、山西、广东、广西、云南、香港等地。

【生长环境】夏、秋季在针叶树腐木上群生或叠生。

【毒性】此菌和覆瓦网褶菌均具有强烈的腥臭气味。一般无人采食，群众反映及文献记载认为有毒。

【功效作用】无。

第十一章　松塔牛肝菌科

松塔牛肝菌

【拉丁名】*Strobilomyces floccopus*

【别名】黑麻蛇菌、绒柄松塔牛肝菌、火炭菌、黑牛肝菌、黑麻蛇菌。

【归属】层菌纲伞菌目松塔牛肝菌科松塔牛肝菌属。

【形态特征】子实体中等至大型。菌盖直径 2～11.5(15) cm，厚约 2.5 cm，幼时半球形，后平展，淡黑褐色至黑色或紫褐色，表面有粗糙的毡毛状鳞片或疣，直立，反卷或角锥状。菌肉白色或污白色，受伤后变为淡红色，后渐变为黑色。菌管初由菌幕盖着，后菌幕脱落残留在菌盖边缘，直生或稍延生，长 1～2 cm，污白色或灰色，后渐变褐色或淡黑色；管口多角形，每毫米 0.6～1 个孔，与菌管同色。柄长 4.5～13.5 cm，粗 0.6～2 cm，与菌盖同色，上下略等粗或基部稍膨大，顶端有网棱，下部有鳞片和绒毛，质脆，内实。孢子淡褐色至暗褐色，近球形或略呈椭圆形，有网纹或棱纹，(8～12(15)) μm×(7.8～10.4(12)) μm。囊状体棒形具短尖，近瓶状或一面稍鼓起，中间褐色，两端色淡，(26～38) μm×(11～17) μm。孢子印褐色。

【地理分布】分布于河南、江苏、安徽、浙江、福建、西藏、广东、广西、四川、云南、西藏等地。

【生长环境】夏、秋季，单生或群生于马尾松、栎类等针叶林、阔叶林或混交林中地上。与树木形成外生菌根，往往是栗、松、栎树的外生菌根菌。

【毒性】可食用，味尚好，但有木材滋味。

【功效作用】可药用，有追风散寒、舒筋活络和抑制肿瘤之功效，据报道，其子实体的乙醇提取物对小白鼠艾氏腹水癌和大鼠吉田瘤均有抑制作用。

光盖松塔牛肝菌

【拉丁名】*Strobilomyces glubricaps*

【别名】光头网孢牛肝菌。

【归属】层菌纲伞菌目松塔牛肝菌科松塔牛肝菌属。

【形态特征】子实体中等大小。菌盖直径5～10 cm,半球形至平弧形,暗红褐色,表面较光滑,有开裂网纹。菌柄近圆柱形,暗褐色,长6～13 cm,粗1.5～3 cm,浅锈褐色,基部膨大,有条纹及鳞片,向下渐细。菌管延生,一般为粉褐色,长20～25 mm。管口直径4～5 mm,浅粉褐色,多角形呈蜂窝状。孢子为近球形至球形,表面有网纹,暗褐色,9～12 μm,多为11 μm。孢子印深黑褐色。

【地理分布】目前只分布于云南。

【生长环境】夏、秋季节,生于针叶林、阔叶林和混交林中地上,灌木丛中地上也有生长,单生或散生,为树木外生菌根菌。

【毒性】可食用。

【功效作用】无。

半裸松塔牛肝菌

【拉丁名】*Strobilomyces seminudus*

【别名】小鬼猪口。

【归属】层菌纲伞菌目松塔牛肝菌科松塔牛肝菌属。

【形态特征】子实体小或中等大,单生,有时群生。菌盖直径3～7 cm,初期呈半球形,后期为扁半球形,表面被绵毛或小鳞片,暗灰色至灰褐色,伤处易变黑色,有细痕;菌盖边缘初有菌幕,后消失。菌肉白色,接触空气后容易被氧化而先变红,后变黑色。菌管直生,偶有弯生,初期浅灰白色,后变黑色;管孔多角形,孔径0.5～1 mm,近白色至灰白色。菌柄较硬,(4～15) cm×(0.6～0.8) cm,等粗或向上渐细,中实,易折断,与菌盖同色。孢子印近黑色;孢子(7～9.5) μm×(6.5～8.5) μm,近球形,有刺状突起形成不完整的网纹。

【地理分布】主要分布于我国的福建、云南等地。

【生长环境】夏、秋季生于格氏栲等阔叶林中地上,为菌根菌。

【毒性】无毒,但很少有人食用。

【功效作用】无。

混淆松塔牛肝菌

【拉丁名】*Strobilomyces confusis*

【别名】无。

【归属】层菌纲伞菌目松塔牛肝菌科松塔牛肝菌属。

【形态特征】子实体小或中等大。菌盖直径3.2～9.6 cm,呈近扁半球形,浅褐色至黑色,具贴生鳞片,中部密集。菌柄长4～8 cm,粗1～2 cm,实心,白色,受伤时先变红色，后变灰黑色，菌环有呈网状纹理。菌肉呈白色，受伤后易变红色。菌管长 0.4～1.8 cm，灰白色至浅黑色，直生至稍弯曲，柄四周稍有凹陷，管口呈多角形。菌幕较薄，脱落后在菌盖边缘有残留。孢子印近黑色。孢子暗褐色，(10.8～12.7) μm×(9.5～10.5) μm，椭圆形至球形，具小刺，有突起或有不完整网纹。褶侧囊体柱状至近梭形，(29～62) μm×(7.6～27) μm。

【地理分布】主要分布于我国的广东、广西、四川、云南、福建等地。

【生长环境】在林中地上单生或散生。此菌是树木的外生菌根菌。

【毒性】可食用。

【功效作用】无。

金色条孢牛肝菌

【拉丁名】*Boletellus chrysenteroides*

【别名】毛鳞小牛肝菌。

【归属】层菌纲伞菌目松塔牛肝菌科条孢牛肝菌属。

【形态特征】子实体较小。菌盖直径 4～6 cm，初期呈半圆形，后渐平展，淡黄色至土黄色，受伤处易氧化变成蓝色。菌柄呈棒形，稍有弯曲，覆表面具红色粉粒，长 4.7～5.5 cm，粗 5～11 mm，内部实心。子实层菌管黄绿色，凹生，伤处变蓝色。管口呈多角形，直径约 1 mm。孢子印褐色。孢子浅橙褐色，近椭圆形，有纵棱，(1.1～14) μm×(6～7.6) μm。侧囊体近菱形，(50～65) μm×(10～13) μm。

【地理分布】主要分布于我国广东、江苏、浙江、云南等地。

【生长环境】生于林中地上，与树木形成外生菌根。

【毒性】可食用。

【功效作用】无。

第十二章 牛肝菌科

铜色牛肝菌

【拉丁名】*Boletus aereus*

【别名】黑牛肝菌、煤色牛肝菌、酸木碗、双木碗、黑牛头、黑牛肚、黑荞巴。

【归属】层菌纲伞菌目牛肝菌科牛肝菌属。

【形态特征】子实体中等至较大。菌盖半球形至扁半球形，直径 3～12 cm，表面灰褐色至深栗褐色，具微细绒毛或光滑，不黏，边缘完整，无裂隙，向内卷曲。菌肉近白色，较厚，受伤处有时带红色或淡黄色。菌管白色至带粉红色，近直生至近离生。管口直径 0.5～1 mm，灰白色，单孔，圆形，长 3～8 mm。菌柄圆柱形，初期粗壮，一般上部较细，有时中或下部膨大，或上下等粗，长 3.5～9 cm，粗 1.1～1.6 cm，近似菌盖色或上部色浅，表面有深褐色粗糙网纹，内部实心。孢子光滑，长椭圆形或近梭形，(10.8～11.7) μm×(3.6～4.5) μm。

【地理分布】分布于云南。

【生长环境】夏、秋季，生于松林和栎树林地上，单生。

【毒性】可食用，味道鲜美。

【功效作用】无。

美味牛肝菌

【拉丁名】*Boletus edulis*

【别名】大脚菇、白牛肝菌、牛肝菌、大腿蘑、大脚蘑、网纹牛肝菌 、黄荞巴、炒菌。

【归属】层菌纲伞菌目牛肝菌科牛肝菌属。

【形态特征】子实体中等至大型。菌盖直径 5～16 cm。扁半球形或稍平展，不黏，光滑，边缘钝，黄褐色、褐色、红褐色至深褐色，颜色变化很大。菌肉白色，厚，受伤不变色。菌管初期白色，后呈淡黄色，直生或近弯生，或在柄之周围凹陷。管口幼时有填充，圆形，每毫米 2～3 个。柄长 3～15 cm，粗 2～4 cm，基部尤为膨大(可达 11 cm)，与菌盖同色，但稍浅，有明显突出的网纹，中生，内实。孢子印青褐色。

孢子近纺锤形或长椭圆形，平滑，淡黄色，(10～15.2) μm×(4.5～5.7) μm。囊状体无色，棒状，顶端圆钝或稍尖细，(34～38) μm×(13～14) μm。

【地理分布】分布于云南。

【生长环境】夏、秋季单生或散生于林中地上，是一种分布较为广泛的树木外生菌根菌。可与冷杉、云杉、铁杉、榆、高山松、云南松等树木形成菌根。

【毒性】属优良野生食用菌，味道鲜美，可食用。

【功效作用】据记载美味牛肝菌可产生腺嘌呤、胆碱、腐胺等生物碱。可药用。是“舒筋丸”的成分之一，可治疗腰腿疼痛，手足麻木，筋骨不好，四肢抽搐；还可用于治疗妇女白带及不孕症。该菌子实体的水提物有肽类或蛋白质，对小白鼠肉瘤180 的抑制率为 100%，对艾氏腹水癌的抑制率为 90%。

紫褐牛肝菌

【拉丁名】*Boletus violaceo-fuscus*

【别名】紫牛肝菌、花脚菇、紫牛肚菌、紫牛头。

【归属】层菌纲伞菌目牛肝菌科牛肝菌属。

【形态特征】子实体中等或较大。菌盖半球形，后渐平展，直径 2.5～7(15) cm，最大者可达 25 cm，紫色，蓝紫色或深紫色，中央颜色较深，边缘颜色稍淡，光滑或表面覆短绒毛，有时凸凹不平，稍黏。菌肉白色，致密，伤不变色。菌柄长 4.5～8 cm，粗 1～2(3.5) cm，上下略等粗或基部膨大，蓝紫色，有明显而美丽的网纹，上部网纹为白色，下部网纹为紫色。菌管弯生或离生，在周围凹陷，初期白色，后变淡黄色。管口近圆形，每毫米 1～2(3)个，呈蜂窝状排列。孢子带淡褐色，椭圆形或纺锤形，平滑，(13～18) μm×(5.5～6.5) μm。囊状体无色，棒状，有时顶端稍尖细，(17.3～39) μm×(5.2～7) μm。孢子印锈褐色。

【地理分布】分布于广西、四川、云南、福建等地。

【生长环境】夏、秋季节，单生或群生于针栎林中地上，该菌与壳斗科树木可能有菌根关系。

【毒性】可食用，菌体大而肥厚，食味鲜美，可与美味牛肝菌相媲美。

【功效作用】该菌提取物对小白鼠肉瘤 180 和艾氏腹水癌的抑制率均为 60%。

细网牛肝菌

【拉丁名】*Boletus satanas*

【别名】魔王牛肝菌、红毒牛肝菌、仔牛犊。

【归属】层菌纲伞菌目牛肝菌科牛肝菌属。

【形态特征】子实体肥大。菌盖白至浅褐色。菌盖直径6～25 cm，球形或半球形，初期有细绒毛，边缘向内卷曲。菌肉较肥厚，白色或部分带黄色，伤后变蓝色。菌柄短粗，中上部有红色细网纹，黄色至玫瑰红色，长3～10 cm，粗1.5～3 cm，或更大，受伤处变蓝色。菌管离生，管口较小，幼时黄色，后期呈红色，伤变蓝色。孢子印青褐色。孢子橄榄褐色，椭圆形或长椭圆形，(8.5～12.8) μm×(5～6.3) μm，管侧囊体瓶状或近纺锤形，(25～32) μm×(7.5～10) μm。

【地理分布】主要分布于我国四川、云南等地。

【生长环境】夏、秋季，在林中地上单生或群生。

【毒性】剧毒。食后口、舌、喉部麻木，胃部难受。据报道中毒后头晕、胃痉挛甚至吐血，重者死亡。特别生食有更明显的胃肠道病症。

【功效作用】据报道，该菌能抗癌，对小白鼠肉瘤180和艾氏癌的抑制率均为100%。

黄褐牛肝菌

【拉丁名】*Boletus subsplendidus*

【别名】黄见手、荞面菌、红大巴。

【归属】层菌纲伞菌目牛肝菌科牛肝菌属。

【形态特征】子实体中等至较大。菌盖直径2.5～13.2 cm，菌盖厚1.5～2.1 cm，半球形至扁平。浅黄褐色、黄褐色或橙褐色，边缘向内卷曲，常有浅黄色斑块，伤后变蓝。菌柄圆柱状，基部微缩渐尖，长4～13.2 cm，粗1.5～2.7 cm，暗红色、橘黄色或褐黄色，中上部有细小的网纹，柄基部菌丝污白色。菌管为单孔型，菌管长0.8～1 cm，管孔口近圆形，淡黄色，伤后变褐色，肉质，内实。孢子近椭圆形，橄榄黄色，较光滑，(9～12) μm×4～5 μm。

【地理分布】分布于我国的云南、四川等地。

【生长环境】夏、秋季，生长在以松、栎为主或以油杉为主的针叶林或混交林中地上，单生或群生。

【毒性】可食用。

【功效作用】无。

红褐疣柄牛肝菌

【拉丁名】*Leccinum rufiun*

【别名】无。

【归属】层菌纲伞菌目牛肝菌科疣柄牛肝菌属。

【形态特征】子实体中等至较大。菌盖直径 7.5 ～16 cm，近球形至扁半球形，橙黄色至黄褐色，表皮光滑，偶有细绒毛。菌柄长 6.6～14.6 cm，粗 1.7～3.8 cm，圆柱形至近梭形，污白色有粗糙疣点，内实心。菌肉白色，较厚。菌管白色至柠檬黄色，孔口与菌管同色。孢子无色，光滑，含油滴，长椭圆形。

【地理分布】主要分布于我国青海等地。

【生长环境】夏、秋季生于杨树等阔叶林林地上，单生或群生，属树木外生菌根菌。

【毒性】可食用。

【功效作用】无。

橙黄疣柄牛肝菌

【拉丁名】*Leccinum aurantiacum*

【别名】橙黄牛肝菌、变形牛肝菌、变形疣柄牛肝菌、荞巴巴菌、败来(藏名)。

【归属】层菌纲伞菌目牛肝菌科疣柄牛肝菌属。

【形态特征】子实体中等至较大。菌盖直径 3～12(21) cm，扁半球形，菌盖表面光滑或微被纤毛，橙红色、橙黄色或近紫红色。菌肉厚，致密，污白色，接触空气由淡红色变为淡灰色、淡黄色或淡褐色，受伤后不变色。菌管有直生、弯生或近离生，在柄周围凹陷，淡白色，后变污褐色，受伤时变肉色。管口与菌盖同色，圆形，每毫米约 2 个。菌柄呈圆柱状，柄长 5～12(20) cm，粗 1.0～2.5(5.5) cm，上下略等粗或基部稍粗，污白色，淡褐色或近淡紫红色，顶端有少许网纹，表面覆有网状排列的小鳞片，颜色为灰褐色至黑色。孢子椭圆形或近纺锤形，浅褐色，(17～20) μm ×(5.2～6(6.9)) μm。囊状体无色，顶端尖，近纺锤形，稀少，(37～55) μm×(8～11) μm。孢子印淡黄褐色。

【地理分布】分布于黑龙江、吉林、辽宁、河北、山东、江苏、安徽、浙江、广西、贵州、福建、云南、西藏等地。

【生长环境】夏、秋季，单生或群生于针阔叶林中地上，属外生菌根菌，与赤松、桦、山杨等树木形成菌根。

【毒性】可食用，菌肉肥大。

【功效作用】无。

褐疣柄牛肝菌

【拉丁名】*Leccinum scabrum*

【别名】无。

【归属】层菌纲伞菌目牛肝菌科疣柄牛肝菌属。

【形态特征】子实体较大。菌盖直径 3～13.5 cm，淡灰褐色、红褐色或栗褐色，湿时稍黏，光滑或具短绒毛。菌肉白色，伤时不变色或稍变粉黄色。菌管初期白色，逐渐变为淡褐色，近离生。管口同色，圆形，每毫米 1～2 个。柄长 4～11 cm，粗 1～3.5 cm，上部淡白色，下部淡灰色，有纵棱纹并有很多红褐色小疣。孢子印淡褐色或褐色。孢子无色至微带黄褐色，长椭圆形或近纺锤形，平滑，((11.7)15～18) μm×(5～6) μm。囊状体无色，棒状，(17～25) μm×(8.7～10) μm。

【地理分布】分布于黑龙江、吉林、广东、江苏、安徽、浙江、西藏、陕西、新疆、青海、四川等地。

【生长环境】夏、秋季单生或散生于阔叶林中地上，可与桦、山毛榉、杨、柳、椴、榛、松等树木形成外生菌根。

【毒性】味道鲜美，菌肉细腻，属优良食用菌，无毒。

【功效作用】无。

赭黄疣柄牛肝菌

【拉丁名】*Leccinum oxydabile*

【别名】无。

【归属】层菌纲伞菌目牛肝菌科疣柄牛肝菌属。

【形态特征】子实体较大。菌盖直径 5～14 cm，扁半球形至近扁平，表面深土黄色至褐色，平滑，偶有小鳞片。菌柄较粗，长 6.2～11.3 cm，粗 1.5～3 cm，内部实心。菌肉污白色，菌柄部稍变灰色，较厚。菌管污白至赭黄色，开口小。孢子光滑，近梭形或长椭圆形。

【地理分布】主要分布于我国的青海省境内。

【生长环境】夏、秋季生阔叶林中地上，属树木外生菌根菌。

【毒性】可食用。

【功效作用】无。

红疣柄牛肝菌

【拉丁名】*Leccinum chromapes*

【别名】红大巴、红牛肝。

【归属】层菌纲伞菌目牛肝菌科疣柄牛肝菌属。

【形态特征】子实体中等大。菌盖直径 4.0～10.5 cm，呈扁半球形，菌盖初期呈浅粉红色，后期呈淡褐色，表面有细绒毛，并有红色鳞片，略黏。菌柄长 5.2～8.4 cm，粗 0.8～2.4 cm，上下粗细不等，一般下粗上细，与菌盖色相同，有时有褐色小点及条纹，表面覆有细小鳞片，内实。菌管白色至浅粉红色，一般伤后不变色，管口较小，近离生。管口近圆形。菌肉白色，表皮下带粉红色。孢子为椭圆形，无色或稍带粉褐色，光滑，(10.5～15.5) μm×(3.5～5) μm；囊状体近棒状，无色，(17～26) μm×(5.2～8.7) μm。孢子印淡粉褐色。

【地理分布】主要分布于我国的吉林、黑龙江、四川、贵州、广西、西藏、安徽、浙江、青海、云南等地。

【生长环境】夏、秋季，于针阔混交林中地上，单生、群生或散生。为外生菌根菌，可与松、栗、栎等树木形成菌根。

【毒性】可食，食味较可口。

【功效作用】无。

远东疣柄牛肝菌

【拉丁名】*Leccinum extremiorientale*

【别名】黄梨头、黄赖头、黄牛头。

【归属】层菌纲伞菌目牛肝菌科疣柄牛肝菌属。

【形态特征】子实体较大，菌盖直径 4.8～23 cm，幼时近球形，顶端突出，盖缘紧贴菌柄，后扁半球形，淡橘黄色至棕黄色，肉质，具绒毛，表皮有龟裂，盖缘部分尤其明显。菌肉初期致密紧实，后期较松软，白色，菌管上方略呈黄色。菌管橙黄色，老后土黄色，管孔与菌管同色，每毫米 3～4 个。菌柄(7.2～14.3) cm×(1.4～3.6) cm，柱形，黄色至深褐色，有暗红色小鳞片。孢子梭形至长椭圆形，黄褐色，有油滴，(10.5～14.4) μm×(3.6～5.4) μm。囊状体散生，无色，近梭形。

【地理分布】主要分布于我国广西、福建、湖北、四川、贵州、云南等地。

【生长环境】夏、秋季，生于阔叶林、杂木林中地上。单生或群生。

【毒性】可食用。

【功效作用】无。

红点疣柄牛肝菌

【拉丁名】*Leccinum rubropunctum*

【别名】红点牛肝菌、黄牛肝。

【归属】层菌纲伞菌目牛肝菌科疣柄牛肝菌属。

【形态特征】子实体小或中等。菌盖直径3.5～7.8 cm,菌盖初期弧形,棕褐色至橘红褐色,光滑,湿时略黏。菌肉浅黄色,伤处变蓝绿色。菌管离生,长7 mm,管孔较小,直径约0.5 mm,黄色至深褐色。菌柄近柱形,较细,实心,长6.1～8.3 cm,粗1.1～2.6 cm,浅黄色至黄色,上部有红褐色小点,下部有红褐色条纹。孢子光滑,浅绿棕色,圆锥状至长椭圆形,(11～14) μm×(4～4.5) μm。管侧囊体棒状或梭形。

【地理分布】主要分布于我国四川、云南等地。

【生长环境】夏、秋季,生于针阔叶混交林中地上,群生或散生。属外生菌根菌。

【毒性】可食用。

【功效作用】无。

污白疣柄牛肝菌

【拉丁名】*Leccinum holopus*

【别名】无。

【归属】层菌纲伞菌目牛肝菌科疣柄牛肝菌属。

【形态特征】子实体小或中等。菌盖直径3.1～6.5 cm,初期扁半球形,后期近半球形,白色,老后为灰色。菌肉白色,肉厚。菌管和菌口都为污白色。菌柄长5.2～10 cm,粗0.7～1.3 cm,上细下粗,白色至灰白色,表面粗糙有疣状突起,内实。孢子浅黄色,壁较厚,长椭圆形至近梭形,(16～22) μm×(4.3～6.5) μm。

【地理分布】主要分布于我国青海等地。

【生长环境】桦树等林中地上单生或群生。属树木外生菌根菌。

【毒性】可食用。

【功效作用】无。

裂皮疣柄牛肝菌

【拉丁名】*Leccinum extriemirentale*

【别名】虎皮牛肝。

【归属】层菌纲伞菌目牛肝菌科疣柄牛肝菌属。

【形态特征】子实体中等至较大。菌盖直径 5.8～28 cm，初期呈半球形，后期为扁半球形，表面土黄色至褐黄色，具绒毛，皱皮，成熟后具龟裂似鳞片，菌肉浅黄色，盖缘延生，菌肉较厚，香气浓郁，白色至浅黄色。菌管近离生，浅黄绿至黄色，管孔较小。菌柄长 6.8～13.7. cm，粗 21～4.9 cm，同盖色，上细下粗，肉质，表面具小点及鳞片。孢子印暗褐色。孢子微带褐黄色，椭圆形至近梭形，(9.6～13.7) μm×(3.1～5.6) μm。有近纺锤状或棒状囊体。

【地理分布】主要分布在我国广西、湖北、贵州等地。

【生长环境】夏、秋季，在青岗等壳斗科林中地上单生或群生。与树木形成外生菌根。

【毒性】此菌可食用，味道较好，菌肉肥厚。

【功效作用】无。

变色疣柄牛肝菌

【拉丁名】*Leccinum variicolor*

【别名】无。

【归属】层菌纲伞菌目牛肝菌科疣柄牛肝菌属。

【形态特征】子实体中等大。菌盖直径 5～10 cm，浅灰色至深褐色，表面有细绒毛。菌柄长圆柱形，长 10～20 cm，粗 1.5～2.5 cm，白色，表面覆有浅灰至带黄绿色疣状鳞片，菌肉白色，较肥厚。柄部菌肉上部为粉色，基部为蓝绿色。菌管直生或近离生，污白至浅黄色。孢子印褐色，孢子光滑，近梭形，(12～20) μm×(3.8～6.6) μm。管侧囊体近纺锤形。

【地理分布】主要分布于我国的西藏地区。

【生长环境】夏、秋季，生于阔叶林、混交林地上，群生或散生。

【毒性】可食用。

【功效作用】无。

黄皮疣柄牛肝菌

【拉丁名】*Leccinum crocipodium*

【别名】黄癞头(滇中)。

【归属】层菌纲伞菌目牛肝菌科疣柄牛肝菌属。

【形态特征】子实体中等大。菌盖直径 4～7.5 cm，中部突出，后部微平展，盖缘幼时向内卷曲，土黄色至黄褐色，老后多具龟裂状花纹。菌柄长 5～8 cm，粗 2～4.8 cm，土黄色，表面覆有金黄色或暗红色小粒点，质地坚脆。菌肉淡黄色至橙黄色，伤后易变成紫红色。菌管长约 11 mm，孔口径 1.2～2 mm，浅黄褐至橄榄褐色，干后呈黄色。孢子印亮黄色。孢子(13～21) μm×(6～10) μm，较光滑，呈纺锤状。管侧囊体稀少，长纺锤形，透明，管缘囊体腹鼓状、圆柱状。

【地理分布】主要分布于我国江苏、浙江、福建、安徽、湖南、湖北、广东、广西、台湾、四川、贵州、云南、西藏等地。

【生长环境】夏、秋季生于阔叶林下。

【毒性】可食用。鲜时水分较少，易于加工保藏。

【功效作用】无。

异色疣柄牛肝菌

【拉丁名】*Leccinum versipelle*

【别名】无。

【归属】层菌纲伞菌目牛肝菌科疣柄牛肝菌属。

【形态特征】子实体较大。菌盖直径 5.5～15.6 cm，初期呈半球形，后期为半球形，橙黄色，干时绒毛状。菌柄长 8～20 cm，粗 1.8～4.2 cm，圆柱形或近棱形，表面污白色，上面覆有黑褐色疣点，基部灰蓝色，实心。菌肉白色，伤后带淡粉红色，有香味。菌管污白色至灰黄色，孔口白色至灰色。袍子光滑，椭圆形，(9.6～12.8) μm×(4～6.2) μm。有囊体。

【地理分布】主要分布于我国陕西地区。

【生长环境】夏、秋季，生于桦树等阔叶林地上，有单生也有群生，属树木外生菌根菌。

【毒性】可食用。

【功效作用】无。

灰疣柄牛肝菌

【拉丁名】*Leccinum griseum*

【别名】无。

【归属】层菌纲伞菌目牛肝菌科疣柄牛肝菌属。

【形态特征】子实体中等或较大型。菌盖直径 5～13 cm，初期呈半球形至扁平，后期表面凸凹不平，灰褐至黄褐色，湿时表面稍黏。菌柄细长，长 8～13 cm，粗 1～3 cm，基部有灰白色菌丝，表面具黑色疣点，内部实心。菌肉近白色，菌管层白色或灰色，伤处易变黑色，直生，管口小，多角形。孢子呈黄色，长纺锤形，(10～20) μm×(4.2～5.7) μm。管侧囊体纺锤形，(18～67) μm× (6～14) μm。

【地理分布】主要分布于我国吉林、黑龙江、新疆、青海、四川、云南、西藏等地。

【生长环境】夏、秋季，生于针阔叶林中，可单生或群生。属树木外生菌根菌。

【毒性】可食用。

【功效作用】无。

污白褐疣柄牛肝菌

【拉丁名】*Leccinum subradicatum*

【别名】无。

【归属】层菌纲伞菌目牛肝菌科疣柄牛肝菌属。

【形态特征】子实体较小至中等。菌盖直径3～7.5 cm，呈扁半球形，表面污白色至淡灰褐色，平滑，湿时黏。菌柄长6.8～9.5 cm，粗0.7～1.8 cm，呈棒状，表面近白色，覆有纵向网纹，粗糙不光滑，内部中空。菌肉近白色，伤处易变浅紫褐色。菌管近白色至黄褐色，孔口小，伤处变暗褐色。孢子略带黄色，较光滑，似纺锤状，(10.2～20) μm×(4～5.3) μm。有孔缘囊体。

【地理分布】主要分布于我国陕西境内。

【生长环境】秋季生于林中地上，单生或散生。属树木外生菌根菌。

【毒性】毒性未知，应慎用。

【功效作用】无。

皱盖疣柄牛肝菌

【拉丁名】*Leccinum rugosiceps*

【别名】虎皮牛肝。

【归属】层菌纲伞菌目牛肝菌科疣柄牛肝菌属。

【形态特征】子实体中等或较大。菌盖直径5.5～20 cm，初期呈扁半球形，中央稍凸，后平展，浅橙黄色至土黄色，表面多皱，覆绒毛。菌肉白色至淡黄色，有香气。菌管弯生或离生，常在柄周围凹陷，呈金黄色。管口金黄色，似圆形，每毫米3～4个。柄长7.4～14.1 cm，粗2～3.2 cm，圆柱形，基部稍膨大，有小点或小鳞片，呈颗粒状。孢子印呈橙褐色。孢子黄褐色，圆形或椭圆形，(14.8～21.2) μm×(5.3～5.6) μm。管侧囊体无色，似纺锤形或圆柱状。

【地理分布】主要分布于我国四川、广西、西藏、云南等地。

【生长环境】夏、秋季，生于杂木林中地上，单生或群生。

【毒性】可食用。

【功效作用】无。

斑黏盖牛肝菌

【拉丁名】*Suillus variegatus*

【别名】无。

【归属】层菌纲伞菌目牛肝菌科黏盖牛肝菌属。

【形态特征】子实体中等大。菌盖直径 6～13 cm,呈扁半球形或椭圆形,盖边缘向内卷曲,似有细绒毛,褐色或青褐色。菌柄长 4.2～10 cm,粗 1～2.6 cm,圆柱形,表面具细绒毛,基部稍粗,内部紧实。菌肉呈浅黄色,较厚。菌管黄绿色,孔口多角形,黄色。孢子长椭圆形,(7.6～10) μm×(3.2～4) μm。有柱形囊体。

【地理分布】主要分布于我国陕西等地。

【生长环境】生于松林地上,属树木外生菌根菌。

【毒性】可食用。

【功效作用】无。

绒黏盖牛肝菌

【拉丁名】*Suillus tomentosus*

【别名】绒毛乳牛肝。

【归属】层菌纲伞菌目牛肝菌科黏盖牛肝菌属。

【形态特征】子实体小至中等。菌盖直径 3.5～10 cm,初期扁半球形至扁平,后期近平展,有时边缘上翘,浅黄色至橙黄色,湿时黏,表面覆绒毛状小鳞片。鳞片呈斑点状,褐色至红褐色。菌肉黄白色,稍厚,伤处渐变青蓝色,柄基部菌肉带粉色。菌管在柄部变生,绿黄色至黄褐色,管口小呈角形,后期呈暗褐至暗棕褐色,伤变青蓝色。菌柄长 4～10 cm,粗 1～1.8 cm,近圆柱形,稍弯曲或基部稍膨大,表面密被暗色腺点,上部黄色,下部近似盖色,内部实心。孢子椭圆状纺锤形,或近纺锤形,光滑,带黄色,(8～9.5) μm×(3～4) μm。管缘及管侧囊体呈棒状,褐色,(30～65) μm×(5～11) μm。

【地理分布】主要分布于广东、香港等地。

【生长环境】夏、秋季在松林等混交林地上散生,群生。又属外生菌根菌。

【毒性】可食用。

【功效作用】无。

亚褐环黏盖牛肝菌

【拉丁名】*Suillus subluteus*

【别名】亚褐环黏盖牛肝。

【归属】层菌纲伞菌目牛肝菌科黏盖牛肝菌属。

【形态特征】子实体小或中等大。菌盖直径 2.5～10 cm，中部稍凸起，湿时黏，污黄色至土黄色。菌肉白色至浅黄色。菌管延生，黄色或淡黄褐色。菌柄长 4.2～8.5 cm，粗 0.9～1.3 cm，圆柱状或下部稍粗，白色或淡黄褐色，菌环位于柄的上部，表面为膜质，菌环以上无网纹，有腺点，内实或稍空。孢子印锈褐色至黄褐色。孢子带浅黄色，近椭圆形或椭圆形，(7～10.5) μm×(3～4.1) μm。管缘囊体无色至浅褐色，圆柱形，顶端较钝。

【地理分布】主要分布于我国辽宁、河北、四川、西藏、云南等地。

【生长环境】秋季生于杂木林中地上，单生或散生。属外生菌根菌，与松可形成菌根。

【毒性】可食用。

【功效作用】无。

黏盖牛肝菌

【拉丁名】*Suillus bovinus*

【别名】乳牛肝菌。

【归属】层菌纲伞菌目牛肝菌科牛肝菌属。

【形态特征】子实体中等大。菌盖直径 3～10 cm，半球形，中央近平展，边缘薄，土黄色至淡黄褐色，干后呈肉桂色，表面光滑，有光泽，湿时很黏。菌肉淡黄色。菌管延生，不易与菌肉分离，淡黄褐色。管口复式，角形或放射状排列，常呈齿状，宽 0.7～1.3 mm。柄长 2.6～7.2 cm，粗 0.4～1.3 cm，近棒状，基部稍细，光滑，无腺点，通常上部比菌盖色浅，下部呈黄褐色。孢子印黄褐色。孢子长椭圆形，椭圆形，淡黄色平滑，(7.9～9.2) μm×(3～4.4) μm。囊状体无色或淡黄色和淡褐色，簇生，(15.7～27) μm×5.3 μm。

【地理分布】分布于安徽、江西、浙江、广东、福建、湖南、云南、台湾等地。

【生长环境】夏、秋季群生或丛生于松林或其他针叶林中地上。

【毒性】可食用。

【功效作用】无。

亚金黄黏牛肝菌

【拉丁名】*Suillus subaureus*

【别名】无。

【归属】层菌纲伞菌目牛肝菌科黏盖牛肝菌属。

【形态特征】子实体中等至较大。菌盖直径 5.1～14.5 cm，扁半球形，黄色，表面光滑。菌柄长 4～8 cm，粗 0.5～1.5 cm，表面覆有腺点，干后变黑色，上下略等粗，有时下部稍膨大。菌肉浅黄色，受伤后不变色。菌管米黄色，干后变暗色，直生至延生，有腺点，角形，复式，宽 0.6～1.5 mm。孢子印锈褐色。袍子无色至浅黄色，长椭圆形或近纺锤形，(7～10.5) μm×(3.5～4) μm。管缘囊体无色，顶端圆钝，多棒形。

【地理分布】主要分布于我国吉林、辽宁、四川等地。

【生长环境】夏、秋季生于针叶林、混交林或栗树下地上，散生到群生。属外生菌根菌，与松等形成外生菌根。

【毒性】可食用。

【功效作用】无。

红鳞黏盖牛肝菌

【拉丁名】*Suillus spraguei*

【别名】红鳞乳牛肝菌。

【归属】层菌纲伞菌目牛肝菌科黏盖牛肝菌属。

【形态特征】子实体一般较小，有时中等。菌盖直径 4.5～9.5 cm，半球形至扁半球形，暗红色至褐红色，表面覆有纤毛或毛状鳞片，湿时黏。菌肉伤处易变色。菌管淡橘黄色。菌柄长 3.6～7.1 cm，粗 0.8～1.2 cm，圆柱形，稍弯曲。孢子长椭圆形，(8～12) μm× (3～5) μm。

【地理分布】主要分布于吉林、内蒙古、山西、云南等地。

【生长环境】夏、秋季生松林地上。

【毒性】可食用，味带苦或酸，滑。鲜食口感不佳，晒干再用水发口感略好。

【功效作用】无。

褐环黏盖牛肝菌

【拉丁名】*Suillus luteus*

【别名】土色牛肝菌、褐环乳牛肝菌、褐黄牛肝菌、土色牛肝菌、滑鱼肚、松菌。

【归属】层菌纲伞菌目牛肝菌科黏盖牛肝菌属。

【形态特征】子实体中等大。菌盖直径 3～10 cm，扁半球形或凸形到扁平，淡褐色，黄褐色，红褐色或深肉桂色，光滑，很黏，边缘完整，偶有淡褐色的内菌幕残片。菌肉污白色或稍黄，厚或较薄，伤后不变色。菌管幼时米黄色或芥黄色，后渐变为黄棕色，直生或稍下延，或在柄周围有凹陷。管口角形，每毫米 2～3 个，有腺点。柄长 2～8 cm，粗 1～1.5 cm，近柱形或在基部稍膨大，草黄色或淡褐色，有散生红褐色小腺点，内实，顶端有网纹，菌环锤形或长椭圆形，较薄，膜质，平滑，带黄色至浅紫色。孢子椭圆形或近梭形，浅黄色，较光滑，(6.3～10) μm×(3～3.6) μm。囊状体棒形，无色到淡褐色，丛生，(22～38) μm×(5～8) μm。孢子印浅棕褐色。

【地理分布】分布于黑龙江、吉林、辽宁、河北、山东、江苏、湖南、云南、西藏等地。

【生长环境】夏、秋季，单生或群生于高山松、黑松林等针叶林或混交林中地上。此菌与落叶松、赤松、云南松、高山松等针叶树或阔叶树形成外生菌根。

【毒性】可食用，菌肉厚而味道好。

【功效作用】可药用，性寒、味甘，是治疗大骨节病的配位药之一；该菌含有胆碱和腐胺等生物碱。据报道，该菌提取物对小白鼠肉瘤 180 和艾氏腹水癌的抑制率分别为 90%和 80%。

点柄黏盖牛肝菌

【拉丁名】*Suillus granulatus*

【别名】栗壳牛肝菌、点柄乳牛肝菌、颗粒柄黏盖牛肝菌、乳汁黏盖牛肝菌、黄荞巴。

【归属】层菌纲伞菌目牛肝菌科黏盖牛肝菌属。

【形态特征】子实体中等大。菌盖直径 4～9 cm，扁半球形或近扁形，淡黄色或黄褐色，湿时很黏，边缘完整，呈波浪状，干后有光泽。菌肉初期为污白色，后期渐变为淡黄色，成熟后变为深褐色。菌管直生或延生。管口呈多角形，黄色，宽达 1 mm，有腺点。菌柄圆柱形，柄长 2.5～7(13.5) cm，粗 0.4～1.2 cm，淡黄褐色，顶端偶有约 1 cm 长的网纹，腺点通常不超过柄长的一半，全柄略等粗或下部较粗，内实。孢子长椭圆形或椭圆形，无色到淡黄色，(6.5～9.1(10)) μm×(2.6～3.9) μm。囊状体成束，淡黄色到淡黄褐色，多棒状，(31.2～52) μm×(5.2～7.8) μm。孢子印淡黄褐色。

【地理分布】分布于黑龙江、吉林、辽宁、河北、山东、江苏、安徽、浙江、广西、贵州、福建、云南、西藏等地。

【生长环境】夏、秋季，散生、群生或丛生于高山松、华山松等针叶林或混交林中地上，常与之形成菌根关系。

【毒性】可食用，味道好。

【功效作用】可药用，是治疗大骨节病的主要药物之一；据报道该菌有抗癌作用，对小白鼠肉瘤 180 的抑制率为 80%，对艾氏癌的抑制率为 70%。

第十三章　革　菌　科

干巴革菌

【拉丁名】*Thelephora ganbajun*

【别名】对花菌、马牙菌、干巴菌、牛牙齿菌。

【归属】层菌纲非褶菌目革菌科革菌属。

【形态特征】子实体较大。由分支呈扇状的裂片组成，高 5～14 cm，直径 4～14 cm，灰白色至灰黑色，菌肉灰白色，柔软，具特殊香气味，遇 KOH 溶液呈蓝褐色。孢子多角形，有刺突，透明，微具淡褐色，(7～12 μm×(6～8) μm。

【地理分布】分布于黑龙江、吉林、广东、江苏、安徽、浙江、西藏、陕西、新疆、青海、四川等地。

【生长环境】目前仅发现于云南的滇中、滇南海拔 600～2 500 m 的松林带，与思茅松、云南松形成外生菌根，是云南著名的野生食用菌之一。

【毒性】可食用，香气浓郁，味道好。

【功效作用】据报道，此菌含有抗氧化物质，能够清除人体内的自由基，可延缓衰老；此菌还含有核苷酸、多糖类物质对于降低胆固醇、调节血脂、提高免疫力等有一点的疗效；并具有一定的抗癌活性。

橙黄革菌

【拉丁名】*Thelephora aurantiotincta*

【别名】橙黄干巴菌。

【归属】层菌纲非褶菌目革菌科革菌属。

【形态特征】子实体中等大，高 3.5～8.6 cm，直径 5.1～9.2 cm，分枝呈宽扇状，向周围伸展，近全缘少开裂，枝端橙黄色至褐黄色，边缘白黄色，较厚，表面有瘤状凸起。菌肉淡粉黄色。孢子浅黄色，呈不规则多角形，大小为(5.6～7.8) μm×(5.1～7.3) μm。

【地理分布】主要分布于云南滇中和滇西等地。

【生长环境】在云南油杉林、阔叶和针叶混交林地上，有群生，也有丛生或簇生。

【毒性】可食用，气味较香，质地脆嫩，味美可口。

【功效作用】可药用，具有和胃气、祛风、破血、缓冲等药用效果。对小白鼠肉瘤180和艾氏癌的抑制率达80%。

第十四章　多孔菌科

灵芝

【拉丁名】*Ganoderma lucidum*

【别名】赤芝、红芝、丹芝、瑞草、木灵芝、菌灵芝、万年蕈、灵芝草、中灵、琼珍。

【归属】层菌纲非褶菌目多孔菌科灵芝属。

【形态特征】子实体一年生，菌盖木栓质，呈肾形、半圆形或近圆形，直径 3～32 cm，厚 0.5～2 cm，初期边缘黄色，有环带和同心辐射皱纹，有漆样光泽，边缘锐或稍钝，常稍向内卷，后渐变为红褐、红紫色或暗紫色。幼嫩时菌肉淡白色或木材色，接近菌管处呈淡褐色或近褐色。菌管长 0.5～1 cm，管面初期白色，后变为淡褐色或褐色，有时呈污黄褐色，管口近圆形，平均每毫米有菌管 4～5 个。菌柄侧生，少偏生，木栓质，或罕见近中生，长 2～20 cm，与菌盖同色，有光泽，皮壳构造呈拟子实层型，淡褐色，组成菌丝棍棒状。孢子卵形或顶端平截，褐色，(8～11.5) μm×(5～7) μm。双层壁，内壁有小刺，有时中间有油滴。

【地理分布】主要分布于我国吉林、黑龙江、江西、湖南、贵州、安徽、广东、浙江、福建等地。

【生长环境】灵芝在野外多生于夏末、秋初雨后栎、槠、栲树等阔叶林的枯木树兜或倒木上，也能生活在活树上，有时也生在铁杉等针叶树上患心腐病，单生至群生，属腐生真菌和兼性寄生真菌。

【毒性】可食用，属药用真菌。

【功效作用】灵芝对神经衰弱、冠心病心绞痛、心律失常、消化不良、气管炎等各有不同程度的疗效，还具有一定的抗癌、降血压、降血脂、保护肝脏等功效。

薄盖灵芝

【拉丁名】*Ganoderma capense*

【别名】薄树芝。

【归属】层菌纲非褶菌目多孔菌科灵芝属。

【形态特征】子实体一年生，担子果，木栓质。菌盖半圆形，贝壳状或扇形，

(7.5～9) cm×(8～10) cm，厚 1 cm，盖面紫红色至黑褐色，向外缘渐淡，有漆状光泽，有胶质样物质致使盖面特别发亮，无环纹和环带，纵皱明显，表面光滑或有小颗粒；盖缘淡黄褐色，薄，全缘。菌肉材白色，有明显的环纹，厚可达 1.5 cm。菌管淡褐色或淡肉桂色，管长约 0.5 cm；管口面污黄色，受伤后变为淡褐色，每毫米有管口 4～5 个。菌柄短而粗，长约 3.5 cm，粗约 4 cm，侧生，与盖面同色，具油漆状光泽，或无柄。菌丝无色或淡褐色，直径 1.2～6.9 μm，壁厚，有分枝，偶有隔膜，亦无锁状联合。孢子卵形至长卵形，顶端或平截，双层壁，外孢壁平滑无色；内孢壁有不明显的小刺，顶端平截者则小刺较多，淡褐色或灰褐色，(7.5～9.7) μm×(5.7～6.9) μm。

【地理分布】分布于海南、云南等南方地区。

【生长环境】生于桥梁下阴暗处的各种木材上。

【毒性】属药用真菌。

【功效作用】对肿瘤、红斑狼疮、营养不良、肌炎有特效，提高人体免疫力，解百毒。

松杉灵芝

【拉丁名】*Ganoderma tsugae*

【别名】铁杉松芝。

【归属】层菌纲非褶菌目多孔菌科灵芝属。

【形态特征】子实体有柄，菌盖半圆形、肾形或扇形，(5.5～9) cm×(7.3～13.8) cm，厚 1～4.2 cm，木栓质，表面橙红色，具皮壳，有光泽，无或有不明显的环带，边缘具棱纹。菌柄为侧生，长 2.1～10.2 cm，粗 1～4 cm，与菌盖同色。菌肉为污白色，近菌管处稍带淡褐色，厚 0.6～1.7 cm。菌管长 0.6～1.6 cm，暗红色，管口较白。孢子呈棕褐色，卵形，内壁具明显的小刺，(9～12.5) μm×(6.5～8) μm。

【地理分布】主要分布于我国吉林、黑龙江、甘肃等地。

【生长环境】生于落叶松的树干基部。

【毒性】可食用，具有一定的药用价值。

【功效作用】子实体的水提取液对小白鼠肉瘤 180，小白鼠腺癌 755 有抑制作用。子实体的氢氧化钠提取部分对小白鼠肉瘤 180 的抑制率为 77.8%。

树舌灵芝

【拉丁名】*Ganoderma applanatum*

【别名】树舌扁灵芝、平盖灵芝、扁木灵芝、赤色老母菌、树耳朵、扁菌、扁芝、白斑腐菌、老母菌、枫树菌、老牛肝。

【归属】层菌纲非褶菌目多孔菌科灵芝属。

【形态特征】子实体大型或特大型。菌盖无柄或柄很小，半圆形、扁半球形或肾形，基部常下延，(5～35) cm×(10～50) cm，厚1～15 cm，表面灰色至褐色，有同心环皱棱，偶有小凸起，皮壳角质，边缘比中间薄。菌管有多层，厚1.5 cm左右，管孔圆形，每毫米4～5个，菌管近白色或淡黄色，伤处易变暗褐色。菌肉淡褐色变暗褐色，近表皮处为白色，厚8 cm，木质，坚硬。孢子卵圆形，褐色，(7.6～9.5) μm×(4.5～6) μm。孢子印褐色。

【地理分布】分布于我国黑龙江、吉林、河北、河南、山西、山东、江苏、内蒙古、陕西、甘肃、青海、新疆、西藏、四川、湖北、湖南、贵州、浙江、福建、台湾、广西、广东、云南、海南、香港等地区。

【生长环境】生于杨、桦、柳、栎等阔叶树的枯立木、倒木和伐桩上，也可生长在竹上及针叶树的树干上，是重要的木腐菌之一。

【毒性】幼嫩时可食用，但味苦。

【功效作用】可入药，据说生长在皂角树上的可治疗食道癌，其热水提取物对小鼠肉瘤180的抑制率为64.9%；还可以治风湿性肺结核，有止痛、清热、化积、止血、化痰之功效。

白桦茸

【拉丁名】*Inonotus obliquus*

【别名】桦树菇、桦褐孔菌、西伯利亚灵芝、纤孔菌、斜卧孔菌。

【归属】层菌纲非褶菌目多孔菌科褐孔菌属。

【形态特征】近球形或不定形块状。直径7～36 cm，表面坚硬，黄褐色至黑色，菌肉黄褐色，生殖菌丝淡黄色，有隔，无锁状联合，直径4～6 μm。骨架菌丝为刚毛状菌丝，黄褐色，直径5～6 μm。菌肉组织由褐色刚毛状菌丝和淡黄色生殖菌丝组成，厚壁，有轻微的、模糊不清的环纹，明亮淡黄褐色，刚毛体暗褐色。

【地理分布】主要分布于我国黑龙江、海南等地。

【生长环境】白桦茸对寄主的选择性很强，主要生于白桦、银桦、榆树和赤杨等的树皮下或活立木树皮下或砍伐后树木的枯干上，10～15年之后会把桦树的精髓吸收殆尽，使白桦树枯死。

【毒性】具有一定的药用价值。

【功效作用】含有大量的抗癌、降血压、降血糖、复活免疫作用的植物纤维类多糖体。可以提高免疫细胞的活力，抑制癌细胞扩散和复发，在胃肠内防止致癌物质等有害物质的吸收，并促进排泄。据说桦褐孔菌的精制菌粉对糖尿病治愈率达93%。

云芝

【拉丁名】*Coriolus versicolor*

【别名】杂色云芝、黄云芝、多色牛肝菌、红见手、千层蘑、彩纹云芝、彩云革盖菌、瓦菌。

【归属】层菌纲非褶菌目多孔菌科云芝属。

【形态特征】菌盖单个呈扇形、肾形或贝壳形，常数个叠生成覆瓦状或莲座状；直径1～10 cm，厚1～4 mm。表面密生灰至紫黑颜色的绒毛，形成多层不同颜色的狭窄同心性环带，边缘较中间薄，腹面灰褐色至黄棕色，菌管密集，管口近圆形或多角形，有部分管口开裂成齿状。革质，不易折断，断面菌肉类白色，厚约1 mm；菌管单层，长0.5～2 mm，多为浅褐色，管口近圆形至多角形，每1 mm有3～5个。

【地理分布】在我国东南西北都有广泛分布。

【生长环境】寄生于海拔3 000 m以上的阔叶树木桩、倒木和枝上。

【毒性】可食用，云芝是一种大型珍贵药用真菌。

【功效作用】具有清热、解毒、消炎、抗癌、保肝等功效。

茯苓

【拉丁名】*Poria cocos*

【别名】云苓、安苓、闽苓、玉灵、茯龟、松柏芋、松木薯、松茯苓、茯灵、茯兔、万灵精、川苓、松腴。

【归属】层菌纲非褶菌目多孔菌科卧孔属。

【形态特征】子实体无柄、生于菌核表面呈平伏状，厚0.3～1 cm，初期白色，老后变为浅褐色，管孔多角形至不规则形，菌管长2～8 mm，偶有双层，厚可达3～4 cm，孔径0.5～2 mm，壁薄，孔口边缘老后球形，椭圆形，卵圆形或不规则呈块状，直径10～30 cm，或更大，重量不等，大者可达数十斤，甚至近百斤。新鲜时稍软有弹性，干后坚硬，表皮粗糙多皱或瘤状，淡棕黄色至褐色，变至黑褐色，内部白色或带浅粉红色，手捏有粉粒感，干后稍硬。担子呈棒状，(19～22) μm×(5～7) μm，上生4个小梗；孢子近圆柱形至长方形，无色，稍透明，较光滑，稍弯曲，(6～8) μm×(3～4) μm。

【地理分布】主要分布于河北、河南、湖北、湖南、安徽、江苏、广东、广西、甘肃、陕西、山东、四川、贵州、云南、福建、浙江等地。

【生长环境】生于马尾松、黄山松、高山松、赤松、黑松树根上。偶见于杉、柏、柳、枫等树根部，适宜在沙质土里生长。云南的滇中、滇南海拔 600～2 500 m 的松林带，与思茅松、云南松形成外生菌根，是云南著名的野生食用菌之一。

【毒性】可食用，是制作茯苓糕、饼的主要原料。

【功效作用】味甘，性平，利水渗湿，健脾，宁心；可用于治疗体虚浮肿、心神不安、健忘、小儿伤风咳嗽、水痘等多种疾病的主要成分；现代研究表明，茯苓含有茯苓多糖类物质，对某些动物肿瘤有明显的抑制作用，对小白鼠肉瘤 180 的抑制率达 96.88%。

白多孔菌

【拉丁名】*Polyporus albicans*

【别名】白树花。

【归属】层菌纲非褶菌目多孔菌科多孔菌属。

【形态特征】子实体中等大，肉质、强韧、白色。菌盖扇形或匙形，直径 3～8 cm，厚 0.2～0.4 cm，表面光滑，白色，干后色变暗。边缘薄，波浪状，干后内卷，菌肉白色，多汁，脆肉质，厚 0.1～0.3 cm。盖缘下侧无子实层，菌管淡黄白色，管口与菌管同色，多角形至不规则形，每毫米 4～5 个，成熟后裂为齿状。菌柄 1～3 分枝。孢子长椭圆形至卵圆形，光滑，(6～7) μm×(4～5) μm。

【地理分布】分布于吉林。

【生长环境】夏、秋季生于阔叶树倒木或树桩上，马尾松、黄山松、高山松、赤松、黑松树根上。偶见于杉、柏、柳、枫等树根部，适宜在沙质土里生长。云南的滇中、滇南海拔 600～2 500 m 的松林带，与思茅松、云南松形成外生菌根，是云南著名的野生食用菌之一。

【毒性】嫩时可食用。

【功效作用】该菌对小白鼠艾氏腹水癌抑制率达 90%，而对小白鼠吉田肉瘤抑制率达 100%。

灰树花

【拉丁名】*Grifola frondosa*

【别名】栗子蘑、贝叶多孔菌、莲花菌、叶状奇果菌、千佛菌、云蕈、舞茸。

【归属】层菌纲非褶菌目多孔菌科树花属。

【形态特征】子实体肉质，具有柄，且柄有多分枝，末端生扇形或匙形菌盖，重叠成丛。一丛最宽直径可达 40～60 cm。菌盖直径 2～7 cm，厚 2～7 mm，灰色至淡灰褐色，表面有细的或干后坚硬的绒毛，老后渐变光滑，具有放射状条纹，边缘较薄，向内卷曲。菌肉白色，厚 1～3 mm，菌管长 1～4 mm，管孔延生，孔面白色至淡黄色，管口多角形，平均每毫米 1～3。孢子无色，光滑，卵圆形至椭圆形，(5～7.5) μm×(3～3.5) μm，菌丝壁薄，有分枝，有横隔，无锁状联合。

【地理分布】分布于吉林、河北、广西、四川等地。

【生长环境】生于栎树或其他阔叶树的树干及树伐桩周围，致使木质白色腐朽，子实体丛生。

【毒性】幼嫩时可食用，味鲜美。

【功效作用】灰树花味甘、平、无毒，可治痔疮，具有补虚固本，益肾抗癌、利水消肿之功效。子实体的水提取物对小白鼠艾氏癌的抑制率为 98.1%，对小白鼠肉瘤 180 的抑制率为 100%。

巨多孔菌

【拉丁名】*Meripilus giganteus*

【别名】巨大肉孔菌、大奇果菌、亚灰树花。

【归属】层菌纲非褶菌目多孔菌科树花属。

【形态特征】子实体大或特大(近年发现该菌最大可达 12 kg 重)。菌盖直径 10～20 cm，厚达 1 cm 以上，许多菌盖有一共同的菌柄，一株直径可达 15～50 cm 或更大。盖表面黄褐色、茶褐色至浓茶褐色，并具有放射状条纹和深色环纹，表皮有细微颗粒状或绒毛状小鳞片。菌肉白色，纤维状肉质，逐渐变暗色，气味温和。管孔白色，接触部位变暗色，菌管短，管口小，近圆形，白色，常沿菌柄延生。菌柄短粗，内部充实。孢子卵圆形至宽椭圆形，无色，(4.5～7) μm×(3.5～5.5) μm。

【地理分布】分布于云南。

【生长环境】夏、秋季阔叶林中地上，常发生于树根部位。

【毒性】可食用，味道好。

【功效作用】该菌含有众多的活性物质，多糖是其中最主要的一类活性成分，具有增强免疫功能、抑制肿瘤、抗病毒、稳定血压、降低血糖、改善脂肪代谢等广泛的生理活性。该菌子实体水提取物对小白鼠肉瘤 180 抑制率为 80%，对小白鼠艾氏腹水癌抑制率达 90%。

猪苓

【拉丁名】*Grifola umbellata*

【别名】猪粪菌、猪灵菌、豕苓、粉猪苓、野猪粪、地乌桃、猪茯苓、猪灵芝、猳猪矢、豕橐、地乌桃。

【归属】层菌纲非褶菌目多孔菌科树花属。

【形态特征】子实体肉质，从埋于地下的菌核上发出，有柄，多分枝，宽可达20 cm。菌盖圆形或半圆形，中部呈脐状或下凹呈漏斗状，边缘内卷，被深色细鳞片，直径1～3 cm，菌肉白色，孔面白色，干后草黄色、硬而脆，没有环纹。孔口圆形或破裂呈不规则齿状，延生，平均每毫米2～4个。担子呈短棒状，无色，透明，18.9 μm×7.6 μm，顶端生有四个孢子，孢子无色，光滑，圆筒形，一端圆形，一端有歪尖，(7～10) μm×(3～4) μm，内有一个油滴。

【地理分布】分布于内蒙古、甘肃、河北、山西、陕西、西藏等地。

【生长环境】6～7月生于桦树、栎树、柳树、椴树等阔叶林中地上或腐木桩旁，有时也生在针叶树旁。

【毒性】幼嫩时可食用，味道十分鲜美。

【功效作用】该菌为著名中药，治水肿、脚气、糖尿病患者的口渴、便秘、解热等功效；对急性肝炎、肝硬化、全身浮肿也有一定疗效；从猪苓中提取的猪苓多糖，对肺癌、宫颈癌、食管癌、胃癌、肠癌、乳腺癌、白血病等具有显著的治疗效果；猪苓的醇提取液对金黄色葡萄球菌、大肠杆菌有抑制作用。

硫黄干酪菌

【拉丁名】*Tyromyces fissilis*

【别名】硫黄多孔菌。

【归属】层菌纲非褶菌目多孔菌科干酪菌属。

【形态特征】子实体大型。初期瘤状，似脑髓状，以后长出一层层菌盖，覆瓦状排列，肉质多汁，干后轻而脆。菌盖直径8～30 cm，厚1～2 cm，表面硫黄色至鲜橙色，有细绒或无，有皱纹，无环带，边缘薄而锐，波浪状至瓣裂。菌肉白色或浅黄色。管孔面硫黄色，干后褪色，孔口多角形，平均每毫米3～4个。担孢子卵形，近球形，光滑，无色，(4.5～7) μm×(4～5) μm，该菌的重要特征是子实体覆瓦状排列，硫黄色。

【地理分布】分布于黑龙江、吉林、辽宁、河北、河南、山西、内蒙古、西藏、新疆、陕西、甘肃、广东、广西、四川、贵州、云南、福建、台湾等地。

【生长环境】生于柳、杨、桦、落叶松、铁杉、云杉的活立木树干或枯立木上，也可生长在香菇椴木上。

【毒性】幼嫩时可食用，味道较好。

【功效作用】可药用，性温，味甘，能调节肌体，增进健康，抵抗疾病，经常食用对人体可起重要的调节作用。该菌有抗癌作用，对小白鼠肉瘤 180 和艾氏腹水癌抑制率分别为 80%和 90%。此外，还是治疗乳腺癌，前列腺癌的辅助药物，该菌产生齿孔菌酸可用于合成甾体类药物。另外还产生甜菜碱、葫芦巴碱和 γ-丁酸甜菜碱等生物碱。

宽鳞多孔菌

【拉丁名】*Polyporus squamoseus*

【别名】无。

【归属】层菌纲非褶菌目多孔菌科多孔菌属。

【形态特征】子实体中等至大型。菌盖扇形，(5.5～26) cm×(4～20) cm×(1～3) cm，具短柄或近无柄，黄褐色，有暗褐色鳞片。柄侧生，偶尔近中生，长 2～6 cm，粗 1.5～3(6) cm，基部黑色，软，干后弯薄。菌管延生，白色。管口长形，辐射状排列，长 2.5～5 mm，宽 2 mm。孢子光滑无色，(9.7～16.6) μm×(5.2～7) μm。菌肉的菌丝无色，无横隔，有分枝，无锁状联合。

【地理分布】分布于内蒙古、吉林、河北、山西、江苏、湖南、陕西、甘肃、青海、四川、西藏等地。

【生长环境】生于柳、杨、榆、槐、洋槐及其他阔叶树的树干上，该菌常引起树木的木质变腐。

【毒性】幼时可食用，老后木质化不宜食用，无毒。

【功效作用】据试验，该菌提取物对小白鼠肉瘤 180 的抑制率为 60%。

圆孢地花

【拉丁名】*Bondarzewia montana*

【别名】圆孢多孔菌、塔菇、山地刺孢多孔菌。

【归属】层菌纲非褶菌目多孔菌科或刺孢多孔菌科刺孢多孔菌属。

【形态特征】子实体较大。许多菌盖从一个短粗的菌柄上生出，形成一丛菌盖，总直径可达 30 cm。菌柄长约 6 cm，粗 3 cm。新鲜菌盖半肉质，干后质硬而脆，扇形或匙形，直径 6～14 cm，厚 0.5～1 cm，蛋壳色，干后浅青褐色至浅烟色，有微细绒毛，渐变光滑，无环带或近边缘处有不明显的环带，边缘呈波浪状，干后且内卷。菌肉白色，厚 0.3～0.7 cm。菌管白色至近白色，延生，长 0.2～0.7 cm，管壁薄，管口多角形，直径 0.05～0.15 cm，边缘渐呈锯齿状。孢子无色，近球形，有小刺，6～8 μm。

【地理分布】分布于西藏、四川、云南、福建等地。

【生长环境】生于冷杉等针叶林内的树桩旁。

【毒性】幼嫩时可食用，味微苦。

【功效作用】福建群众用来解野菇中毒。

第十五章　牛舌菌科

牛舌菌

【拉丁名】*Fistulina hepatica*

【别名】牛排菌、肝色牛排菌、肝脏菌、鲜血耳、猪舌菌。

【归属】层菌纲伞菌目牛舌菌科牛舌菌属。

【形态特征】子实体中等大。肉质，有柄，软而多汁，半圆形、匙形或舌形，暗红色至红褐色。菌盖黏，有辐射状条纹及短柔毛，直径 9～10 cm。菌肉厚，剖面可见条纹。子实层生菌管内。菌管各自可分离，无共同管壁，密集排列在菌肉下面。管口土黄色后变为褐色。孢子无色，光滑，球形，有歪尖，中间含一油滴，(4～5(5.5)) μm×(3.5～4.5) μm。该菌形色似牛舌而得名。

【地理分布】分布于河南、广西、福建、四川、云南等地。

【生长环境】夏、秋季生于板栗树桩上及其他阔叶树腐木上。

【毒性】含水多，味道一般，可供药用和食用。

【功效作用】含明胶、木糖及阿拉伯糖等。据试验，该菌提取物对小白鼠肉瘤 180 抑制率为 80%～95%，对艾氏腹水癌抑制率为 90%。

中国假牛舌菌

【拉丁名】*Fistulina sinensis*

【别名】无。

【归属】层菌纲伞菌目牛舌菌科牛舌菌属。

【形态特征】菌盖扇形，常瓣状，边缘常呈双瓣状分裂，长 4.5～9.5 cm，宽 3.5～7.0 cm，厚 6～17 mm，灰黑至淡黑色，有同心环纹，光洁无附属物，木质，干时坚硬，具明显的膏药气味。菌肉线褐色，干后变金黄揭色，无味，近中部处厚 4～8 mm，边缘处厚 2～3 mm。菌孔圆形，相互分开，(73.2～90) mm×(99～120) mm。表面湿时灰黑色，干时黄白至白带绿色；菌管长 3～5 mm，湿时暗褐色，干时浅褐色。菌柄侧生，有时二至几个合生，不规则形，长 3～5.5 cm，粗 1.5～2.5 mm，光洁无附属物，黑褐色。单型菌丝系统，生殖菌丝薄壁，分枝，有隔膜，无锁状联合，粗 2～3 μm，淡黄色，非淀粉质反应，其间常夹附有略成倾斜升起的棘状侧丝。担子棒状，(12～15) μm×(3.5～4.5) μm，4 小梗。无囊状体。孢子近球形，直径 4～5 μm，无色至略带微红褐色，光滑，非淀粉质反应。子实层，菌盖和菌柄的表皮层均有(16～20) μm×(2.5～5) μm 的棘状侧丝。菌盖表皮层由一层厚 60～80 μm 的棘状侧丝和胶质物组成，其下为近栅栏状排列，菌丝呈褐色的皮层。

【地理分布】分布于广东省。

【生长环境】生于阔叶树腐木上。

【毒性】无记载。

【功效作用】无。

第十六章 珊瑚菌科

杯珊瑚菌

【拉丁名】*Clavicorona pyxidata*

【别名】杯冠瑚菌。

【归属】层菌纲非褶菌目珊瑚菌科杯珊瑚菌属。

【形态特征】子实体高 3～13 cm，淡黄色或粉红色，老或伤后变为暗土黄色。柄纤细，粗 1.5～2.5 mm，向上膨大，顶端杯状，由杯缘分出一轮小枝，多次地从下向上分枝，最上层小枝顶端呈杯状。菌肉白色或色淡。孢子印白色。孢子光滑，椭圆形，含油滴，(3.5～4.5) μm×(2～2.5) μm。有囊状体，无色，梭形，粗 4～7 μm。并有大量之油囊体，粗 5～8 μm。

【地理分布】分布于吉林、河北、河南、湖南、福建、陕西、西藏、福建、云南等地。

【生长环境】群生或丛生于腐木上或腐木桩上，(特别)夏、秋季生于板栗树桩上及其他阔叶树腐木上。

【毒性】味较好，鲜时质脆，不易保存，无毒。

【功效作用】据研究表明，具有一定的抗氧化活性。

葡萄色顶枝瑚菌

【拉丁名】*Ramaria botrytis*

【别名】葡萄状珊瑚菌、扫帚菌、葡萄色珊瑚菌、葡萄状枝瑚菌、刷把菌。

【归属】层菌纲非褶菌目珊瑚菌科枝瑚菌属。

【形态特征】子实体珊瑚状，中等至大型，高 20～40 cm，粗 10～30 cm，从柄上分出许多分枝，然后再分较多的叉枝，小枝顶部膨大，叉状，分枝密集，白色带污黄色，枝端桃红色枝淡紫色，形似花椰菜。菌肉白色，水分足，质脆，受伤不变色，子实层生于枝的表面，且颜色同枝的颜色相似。孢子光滑，呈长椭圆形，略有纵纹，稍带灰黄色，(14～16) μm×(5～7) μm。孢子印淡橙红色。

【地理分布】分布于吉林、台湾、西藏、云南等地。

【生长环境】夏、秋季，散生于混交林和阔叶林中地上。

【毒性】可食用，菌肉脆嫩，味鲜美而可口。

【功效作用】可药用，具有和胃气、祛风、破血，缓冲之功效。据报道，其提取物对小白鼠肉瘤 180 和艾氏腹水癌的抑制率均达 60%。

疣孢黄枝瑚菌

【拉丁名】*Ramaria flava*

【别名】刷低菌、扫帚菌(四川、云南)、锅刷菇。

【归属】层菌纲非褶菌目珊瑚菌科枝瑚菌属。

【形态特征】子实体成丛多分枝像珊瑚，表面黄色，干燥后青褐色。高达 10 cm 左右。菌柄较短，长 4～6 cm，粗 1.5～2.5 cm，靠近基部近乎白色。小枝密集，稍扁，节间的距离较长。孢子椭圆形，浅黄色，具小疣，含油滴，(10～13(16)) μm×(4.5～5(6)) μm。

【地理分布】分布于辽宁、河南、四川、山西、甘肃、西藏、云南、福建、台湾等地。

【生长环境】常在阔叶林中地上成群生长。

【毒性】记载可食用，味较好；但也有记载具毒，食后引起呕吐、腹痛、腹泻等中毒反应，采食时需注意。

【功效作用】抗癌试验，对小白鼠肉瘤 180 和艾氏癌的抑制率均达 60%。

烟色珊瑚菌

【拉丁名】*Clavaria fumosa*

【别名】无。

【归属】层菌纲非褶菌目珊瑚菌科珊瑚菌属。

【形态特征】子实体较小，高 4.6 cm，粗 0.1～0.6 cm，长近棒状或变至扁平，或近梭形，灰褐色至黑色，顶端尖或钝且色浅或呈棕色，不分枝，顶端偶有分枝或分叉，多弯曲，表面有纵沟纹，近无菌柄，往往数枝簇生一起或丛生。菌肉带黄褐色，无锁状联合。孢子无色，光滑，椭形，(5.2～7) μm×(3.3～4) μm。担子细长，有小梗。

【地理分布】分布于云南、广东、西藏等地。

【生长环境】夏、秋季于阔叶林腐枝落叶层及朽木或地上群生或丛生。

【毒性】记载可食用。

【功效作用】无。

紫珊瑚菌

【拉丁名】*Clavaria purpurea*

【别名】紫豆芽菌。

【归属】层菌纲非褶菌目珊瑚菌科珊瑚菌属。

【形态特征】子实体较小或中等，细长，很少分枝却多数丛生一起，紫黄色、紫灰色至紫褐色。高 5～14 cm，粗 0.2～0.6 cm，基部有白色绒毛，顶端随着成熟变褐或带黑色，鲜时呈水浸状，近圆柱形至细长呈梭形，扁平或有纵沟条纹。菌肉白色带紫，内部实心变至松软或空心。孢子无色，光滑，椭圆形，(6.5～9) μm×(3～5) μm。担子细长，4 小梗。

【地理分布】分布于台湾、四川、福建、云南等地。

【生长环境】夏、秋季在松、云杉等针叶林地上或苔藓间成丛生长。

【毒性】此菌可食用。

【功效作用】无。

堇紫珊瑚菌

【拉丁名】*Clavaria zollingeri*

【别名】佐林格珊瑚菌。

【归属】层菌纲非褶菌目珊瑚菌科珊瑚菌属。

【形态特征】子实体较小却丛生一起，肉质，高 1.5～7.5 cm，最高达 15 cm，密集成丛，基部常常相连一起，每一株通常不分枝，有时顶部分为两叉或多分叉的短枝，呈齿状。新鲜时具艳丽的堇紫色、水晶紫色，向上部分较暗，或基部渐褪色。菌肉很脆，浅紫色，味道温和，无异味。孢子白色，光滑，卵圆形或椭圆形，具一小尖，(7～8.6) μm×(3.3～4.5) μm。担子细长，4 小梗，(45～60) μm×(6.5～9) μm。

【地理分布】分布于台湾、福建、四川、吉林等地。

【生长环境】夏、秋季在冷杉等林中地上成丛生长或群生。

【毒性】可食用。

【功效作用】据上海药物所认为发酵液有抗结核菌的作用。

皱锁瑚菌

【拉丁名】*Clavulina rugosa*

【别名】秃仙树菌、白树枝菌。

【归属】层菌纲非褶菌目珊瑚菌科锁瑚菌属。

【形态特征】子实体肉质，较脆，直立，呈棒状，高 3～10 cm，粗 3～8 mm，不分枝，或有极少不规则的分枝，常呈鹿角状，平滑或有皱纹，白色，干后谷黄色。菌肉白色，内实。孢子无色，光滑，近球形，有小尖，内含一油球，(7.9～10.4) μm×(7.3～9) μm。担子细长，具 2 小梗。

【地理分布】分布于江苏、湖南、四川、江西、青海、甘肃、新疆、陕西等地。

【生长环境】夏、秋季，常生于松等针叶林或栎、青冈等阔叶林及混交林中地上、腐枝或苔藓间，散生或群生。

【毒性】可食用，味道可口。

【功效作用】无。

红拟锁瑚菌

【拉丁名】*Clavulinopsis miyabeuna*

【别名】红豆珊瑚菌、宫部拟锁瑚菌。

【归属】层菌纲非褶菌目珊瑚菌科拟锁瑚菌属。

【形态特征】子实体细长，数枚丛生一起，呈细棒状，顶部和基部渐尖，高 4～15 cm，粗 0.3～1 cm，往往扭曲，表面鲜红至朱红色，柄不明显，基部淡红至白色，内部充实，味温和。担子细长，棒状。孢子无色，近球形，6～8 μm。孢子印白色。

【地理分布】分布于台湾、香港等地。

【生长环境】夏、秋季，在阔叶林或针叶林中地上群生。

【毒性】可食用。

【功效作用】无。

微黄拟锁瑚菌

【拉丁名】*Clavulinopsis helvola*

【别名】无。

【归属】层菌纲非褶菌目珊瑚菌科拟锁瑚菌属。

【形态特征】子实体较小，不分枝，高可达 6 cm，粗 0.6 cm 左右，橙黄色，细长棒状，有时扁平，初期内部充实，变空心，顶端细尖，或扭曲，基部色较淡且有细绒毛。菌肉带黄色。担子细长棒状，具 2～4 小梗。菌丝具锁状联合。孢子无色或带黄色，近球形，表面具小疣，(5～8.5) μm×(5～7) μm。

【地理分布】分布于吉林、广东、台湾等地。

【生长环境】在针叶林和阔叶林地上群生。

【毒性】可以食用。

【功效作用】无。

第十七章 齿菌科

猴头菌

【拉丁名】*Hericium erinaceus*

【别名】猴头蘑、猴头菇、刺猬菌、花菜菌、对脸蘑、羊毛菌、猴菇菌、山伏菌、喝拉巴。

【归属】层菌纲非褶菌目猴头菌科或齿菌科猴头菇属。

【形态特征】子实体中等、较大或大型，直径 3.5～10(30) cm，肉质，外形呈头状或倒卵状，似猴子的头，故名“猴头”。鲜时全部白色，干燥后变为乳白色至浅黄或浅褐色，块状，由无数肉质软刺生长在狭窄或较短的柄部，刺细长下垂，长 1～5 cm，上端粗 1～2 mm，下端尖细，呈针状，下垂，稍弯曲，刺表面被有子实层，在子实体内部有肥厚而粗短的分枝，互相融合，呈花椰菜状，中间有小孔隙，全体呈一肉块，肉质柔软细嫩，白色，有清香味，内实。在显微镜下观察，担子长 20 μm，宽 6 μm，孢子近球形，无色，透明，含一油滴，(5.5～7.5) μm×(5～6) μm。孢子淀粉质状，孢子印白色。

【地理分布】分布于黑龙江、吉林、辽宁、内蒙古、西藏、河北、河南、湖南、甘肃、山西、四川、云南、广西等地。

【生长环境】以秋季发生较多。多生于栎等阔叶树立木上或腐木上，少生于倒木。

【毒性】味鲜美，该菌是我国佳肴名菜，无毒。

【功效作用】猴头菌子实体所含的多糖体和多肽类物质，能增强人体免疫功能；其发酵液对小白鼠肉瘤 180 有抑制作用。另该菌制成中药“猴菇菌片”对治疗胃部及十二指肠溃疡、慢性胃炎、慢性萎缩性胃炎、胃癌及食道癌有一定疗效；保肝护肝作用；提高机体耐缺氧能力，增加心脏血液输出量，加速机体血液循环；降低血糖和血脂的作用。

美味齿菌

【拉丁名】*Hydnum repandum*

【别名】卷缘齿菌、齿菌。

【归属】层菌纲非褶菌目齿菌科齿菌属。

【形态特征】子实体中等大。菌盖扁半球形至扁平，有时不规则圆形，直径3.5～8 cm，表面有微细绒毛，后光滑，初期边缘内卷、后期上翘或有时干裂，蛋壳色至米黄色。柄长2～7 cm，粗0.5～1.8 cm，同盖色，内实。孢子无色，光滑，球形至近球形，(7～9) μm×(6.5～8) μm。

【地理分布】分布于黑龙江、吉林、内蒙古、江苏、陕西、青海、四川、云南、西藏等地。

【生长环境】夏、秋季散生或群生于混交林中地上。为外生菌根菌，与栎、栗、榛等阔叶树形成外生菌根。

【毒性】味道比较鲜美，该菌是我国佳肴名菜，无毒。

【功效作用】无。

翘鳞肉齿菌

【拉丁名】*Saarcodon imbricatum*

【别名】獐子菌、钟馗帽、仲帽、獐头菌、鹿茸菌、牛腮巴菌、土菌。

【归属】层菌纲非褶菌目齿菌科肉齿菌属。

【形态特征】子实体中等至大型，肉质，菌盖初期凸起，后渐扁平，扁平至扁半球形，中部脐状或下凹，有时呈浅漏斗状，浅粉红色，表面有暗灰色到黑褐色大鳞片，鳞片厚，覆瓦状，趋向中央特别大并翘起，呈同心环状排列，盖直径6～12 cm。菌肉近白色。菌柄中生或稍偏生，长4～10 cm，粗0.5～3 cm，有时短粗或较细长，上下等粗或基部膨大可达4 cm，中实，平滑，污白色，后期变淡褐色。刺锥形，延生，长可达1～1.5 cm，初期灰白色，后变浓褐色。孢子形状不规则，具大而不规则的疣，淡褐色，(6～8.6) μm×(5～7.5) μm。

【地理分布】分布于甘肃、新疆、四川、云南、西藏等地。

【生长环境】常见于7～8月份的雨季，生于高山针叶林和阔叶林中地上，尤以云杉、冷杉林中发生为多，单生或群生，属外生菌根菌。

【毒性】新鲜时味道好，老时或淋雨后带苦味。

【功效作用】子实体可入药，有降低血中胆甾醇的作用，并含有丰富的糖类物质。

白齿菌

【拉丁名】*Hydnum repandum*

【别名】齿菌白色变种、白齿菌。

【归属】层菌纲非褶菌目齿菌科齿菌属。

【形态特征】子实体形态特征基本同美味齿菌，但往往小，最明显区别在于此白齿菌子实体白色至乳白色，菌盖直径 3～5 cm，扁半球形至近平展，中部稍下凹，边缘内卷。菌肉白色。刺白色延生。菌柄圆柱形，中空，长 3～5 cm，粗 6～10 cm。担子(30～35) μm×(5～8) μm。孢子无色，光滑，近球形，3.5～5.8 μm。

【地理分布】分布于湖北、四川、贵州、云南、江西、广东、广西、山西、黑龙江等。

【生长环境】夏、秋季在阔叶林中地上散生或单生。可能与树木形成外生菌根。

【毒性】可食用且味道好。

【功效作用】无。

第十八章　鸡油菌科

鸡油菌

【拉丁名】*Cantharellus cibarius*

【别名】鸡油蘑、鸡蛋黄菌、杏菌、黄菌、黄丝菌、重阳菌。

【归属】层菌纲非褶菌目鸡油菌科鸡油菌属。

【形态特征】子实体一般中等大，喇叭形，肉质，杏黄色、淡黄色或枇杷黄色。菌盖直径 3～10 cm，表面光滑，略黏，高 7～12 cm，边缘厚而钝，边缘伸展波状或瓣状向内卷。菌肉稍厚，蛋黄色，有浓郁的杏仁香味，微甜。菌褶狭窄，棱脊状，排列稀疏，略弯曲，分叉或有横脉相连，延生至柄部。柄杏黄色，向下渐细，光滑，内实，长 2～6 cm，粗 0.5～1.8 cm。孢子无色，光滑，椭圆形，(7～10) μm×(5～6.5) μm，内含多个油滴。孢子印白色。

【地理分布】分布于吉林、河北、河南、湖北、湖南、江苏、安徽、浙江、福建、陕西、甘肃、四川、云南、西藏等地。

【生长环境】鸡油菌多见于夏、秋季，特别是 8 月份出产最多，常生于排水良好的缓坡上的针阔叶林地上，如松树下腐烂的松毛下面或麻栎下草丛里，群生或近丛生。鸡油菌是树木外生菌根菌，可与云杉、冷杉、铁杉、栎、栗、山毛榉、鹅耳枥等形成菌根。

【毒性】味道鲜美，具浓郁的水果香味。

【功效作用】可药用，其性寒，味甘、能清目，益肠胃。用于治疗维生素 A 缺乏症，还可抗某些呼吸道及消化道感染疾病。该菌具有抗癌活性。

近白鸡油菌

【拉丁名】*Cantharellus subalbidus*

【别名】无。

【归属】层菌纲非褶菌目鸡油菌科鸡油菌属。

【形态特征】子实体中等，乳白色。菌盖直径 4～9 cm，中部下凹或近漏斗状，或边缘瓣裂，表面近光滑，不黏。菌肉带黄色或白色，伤后不变色，很厚。子实层乳白色或带黄色，棱褶呈脉状，延生，不规则分叉并有横脉，褶缘平滑。菌柄圆柱形，同盖色，长 2～5 cm，粗 0.2～0.7 cm，内实，表面光滑或有条纹。菌丝具锁状联合。孢子印白色。孢子光滑，椭圆形，无色，(7～10) μm×(4.5～6) μm，内含颗粒状物。

【地理分布】分布于四川、安徽、云南、广东等地。

【生长环境】在混交林地上单生，散生或群生。此种属树木的外生菌根菌，与黄杉等形成菌根。

【毒性】可食用，味好。

【功效作用】无。

红鸡油菌

【拉丁名】*Cantharellus cinnabarinus*

【别名】红喇叭菌。

【归属】层菌纲非褶菌目鸡油菌科鸡油菌属。

【形态特征】子实体小。菌盖直径 1.5～5.5 cm，薄，最初扁平，后中部下凹，近似喇叭状。光滑，先时近朱红色，老后退色，边缘内卷，波状至瓣裂状，无条纹。菌肉近白色，近表皮处红色。菌褶稀，狭窄，延生，分叉，有横脉连接。菌柄同盖色，近圆柱形，常弯曲，光滑，长 2～4 cm，粗 0.3～1.0 cm，实心。孢子无色，光滑，宽椭圆形，(6～10) μm×(4～6) μm。

【地理分布】分布于香港、广东、安徽、江苏、浙江、西藏、云南、四川、吉林、贵州等。

【生长环境】夏、秋季林中地上散生或群生或单生，是树木的外生菌根菌。

【毒性】可食用，味鲜美。

【功效作用】无。

管形鸡油菌

【拉丁名】*Cantharellus tubaeformis*

【别名】黄喇叭菌、吹打菌。

【归属】层菌纲非褶菌目鸡油菌科鸡油菌属。

【形态特征】子实体小。菌盖直径 2～6 cm，初期扁半球形，后近扁平，中部深下凹，有时近漏斗形，边缘呈波状或内卷，有丝状纤毛或粗糙，淡黄褐色。菌肉浅黄色，薄。菌褶延生，稀而呈条棱状，褶缘钝，具分叉或褶间有明显脉纹相连，淡黄褐色至浅灰黄色。菌柄长 2.5～6 cm，粗 0.3～0.7 cm，圆柱形，淡黄色至赭色，基部近白色，表面光滑，内部实心变至空心。孢子印白色。孢子椭圆形或宽椭圆形，带淡黄色，壁薄，(7～13) μm×(5～9) μm。

【地理分布】分布于福建、云南等地。

【生长环境】夏、秋季生于林中潮湿藓丛间或腐朽木上，散生、群生至丛生。

【毒性】可食用，味很好。

【功效作用】子实体浸出液对某些细菌有抗菌或抑菌作用。

灰喇叭菌

【拉丁名】*Craterellus cornucopioides*

【别名】黑喇叭菌、灰号角、唢呐菌。

【归属】层菌纲非褶菌目鸡油菌科喇叭菌属。

【形态特征】子实体号角形，全体灰褐色至灰黑色，半膜质，很薄，高 2～10.5 cm。菌盖号角形、漏斗形，深凹至基部，直径 2.5～10 cm，浅棕灰色，灰褐色，灰黄色至灰黑色，有细小的鳞片，盖薄，半膜质；有细小鳞片，边缘波状，或不规则，向下卷。菌柄与菌盖的分界不甚明显，柄长 1.5～3 cm，粗 3～7 mm，黑褐色至黑色，平滑，中空。子实层灰紫色，平滑或有皱纹。在显微镜下观察，孢子广椭圆形至卵形，实层淡灰紫色，平滑，孢子无色，(8～14(16.5)) μm×(6～8(10)) μm。

【地理分布】分布于吉林、河北、河南、湖北、湖南、江苏、安徽、浙江、福建、陕西、甘肃、四川、云南、西藏等地。

【生长环境】喇叭菌大多数于夏、秋季生长在阔叶林地上，2～3 朵成丛地生长，也有的单生于针阔叶混交林地上。该菌与云杉、栎等形成外生菌根。

【毒性】质地脆嫩，味道鲜美，可食用。

【功效作用】无。

金黄喇叭菌

【拉丁名】*Craterellus aureus*

【别名】金号角、春臼菌、碓窝菌。

【归属】层菌纲非褶菌目鸡油菌科喇叭菌属。

【形态特征】金黄喇叭菌子实体全部金黄色，于后奶油黄色，近喇叭状，高 7～12 cm。菌盖薄，半膜质，菌盖直径 2～5.5 cm，下凹至柄部，高 3～6.5(7) cm，边缘往往不等，呈波状，内卷或向上伸展，近光滑，有蜡质感。子实层面平滑无褶棱。菌柄细，中空，子实层有凸凹不平的棱纹，平滑。在显微镜下观察，孢子椭圆形，无色光滑，(8～10) μm×(6～7.5) μm。孢子印白色。

【地理分布】分布于黑龙江、甘肃、福建、河南、广西、广东、西藏、云南、四川等地。

【生长环境】夏、秋季多在栎等壳斗科及其他阔叶林地上群生或丛生。与某些阔叶树形成外生菌根。

【毒性】可食用，味道鲜美，并且浓郁的水果香气。

【功效作用】无。

陀螺菌

【拉丁名】*Gomphus clavatus*

【别名】地陀螺、棒状喇叭菌、钉菇。

【归属】层菌纲非褶菌目鸡油菌科陀螺菌属。

【形态特征】子实体中等至较大。菌盖直径 7～15 cm，平展后中部下凹呈漏斗形或喇叭状，表面深蛋壳色至带紫褐色，干，光滑或具小鲜片，边缘薄呈花瓣状。褶棱，厚，窄，延生，皱褶，交织成网或近似孔，粉灰紫褐色，菌柄较短，长 1～4 cm，粗 1～3 cm，基部有白色绒毛。孢子印带浅黄色。孢子椭圆形，壁粗糙有皱，(13.9～15.3) μm×(5.2～6.3) μm。

【地理分布】分布于甘肃、云南、贵州、四川、西藏等地。

【生长环境】夏、秋季在云杉、冷杉等针叶林地上丛生、群生或单生。

【毒性】可食用，味道好，菌肉厚。

【功效作用】无。

喇叭陀螺菌

【拉丁名】*Gomphus floccosus*

【别名】喇叭菌、张札西母(西藏)、早莫娄马(西藏)。

【归属】层菌纲非褶菌目鸡油菌科陀螺菌属。

【形态特征】子实体中等大，喇叭状。菌体高达 10～15 cm。菌盖直径达 8～10 cm，表面有橙褐红色大鳞片。菌肉厚而白色。菌柄细长，后期内部呈管状。菌褶厚而窄似棱状，在菌柄延生或相互交织。孢子淡黄色或近无色，形状椭圆形，初期光滑，成熟后表面粗糙，(12～16) μm×(6～7.5) μm。

【地理分布】分布于四川、云南、湖南、湖北、安徽、广西、广东、福建、陕西、台湾、山东、贵州、西藏等地。

【生长环境】在阔叶或针叶林中地上成群或单独生长。

【毒性】此菌在许多地区采食，但在云南曾报道食后会中毒，引起胃肠道病症，含有松蕈酸(agaricieacid)。

【功效作用】无。

浅褐陀螺菌

【拉丁名】*Gomphus fujisanensis*

【别名】浅褐喇叭菌。

【归属】层菌纲非褶菌目鸡油菌科陀螺菌属。

【形态特征】子实体中等至较大，喇叭状，高 7～12 cm。菌盖直径 4～7 cm，近肉色或土褐色，浅土黄色至淡褐色，中部鳞片较大，边缘较小，带土红色。菌肉白色。菌褶呈曲折棱纹，污白黄色。菌柄与菌盖无明显界线，从菌盖中央向下成管状延伸至基部，粗 0.8～1.2 cm。表面白色至污白色。孢子具细小的疣，近椭圆形，近无色，(12～15) μm×(6～8) μm。

【地理分布】分布于云南等地。

【生长环境】夏、秋季生于针阔林中地上，群生或单生。

【毒性】此菌在云南采食并见于市场，而在日本记载有毒，食后出现下痢和呕吐。

【功效作用】无。

第十九章 银 耳 科

银耳

【拉丁名】*Tremella fuciformis*

【别名】白木耳、雪耳、银耳子、白耳子。

【归属】层菌纲银耳目银耳科银耳属。

【形态特征】子实体纯白至乳白色，间带黄色，光滑，胶质，半透明，柔软有弹性，耳状或鸡冠状，由 3～10 余瓣片组成似菊花形、牡丹形或绣球形，直径 5～15 cm，干后收缩，脆而硬，白色或米黄色；每个瓣片的上下表面均为子实层所覆盖，宽 3～8 mm，厚 2～3 mm，带状至花瓣状，边缘波状或瓣裂，两边平滑，新鲜时用手触碰，即流出白色或黄色黏液。担子深埋于子实层内，近球形，卵圆形，纵分隔，(10～12) cm×(9～10) cm。孢子印白色。孢子无色，光滑，近球形，(6～8.5) μm×(4～7) μm。

【地理分布】分布于浙江、福建、江苏、江西、安徽、台湾、湖北、海南、湖南、广东、广西、四川、云南、贵州、陕西、甘肃、内蒙古、西藏等地。

【生长环境】银耳夏、秋季生于栎、柳、杨、合欢、檀树、栗、槠、柏、桃、柿、桑数十种阔叶树的腐木上，单生或丛生。

【毒性】可食用，是极著名的“山珍”之一。

【功效作用】银耳甘平，无毒，润肺生津、滋阴养胃，益气和血、补脑强心。入肺，胃、肾三经，能清肺中热、养肺阴、济肾燥，治肺热咳嗽、久咳喉痒、咳痰带血、痰中血丝，或者久咳伤肋痛、妇女月经不调、肺热胃炎、大便秘结、大便小血。此外，它还具有提神益气、滋嫩皮肤(治疗雀斑)、恢复肌肉疲劳、抵抗肿瘤等作用。

金耳

【拉丁名】*Tremella aurantialba*

【别名】金黄银耳、黄耳、脑耳、黄木耳、云南黄木耳、茂若色尔布(藏语)。

【归属】层菌纲银耳目银耳科银耳属。

【形态特征】子实体呈脑状或不规则地皱缩成肠状，一般中等大，直径 3～14 cm，高 2～6 cm，基部缩窄，新鲜时胶质柔软，金黄、橙黄、有弹性，干时收缩变坚硬，内部呈黄白色或白色。子实层分布表面。担子球形至近球形，光滑，无色透明，(7.5～13) μm×(7～11) μm。

【地理分布】分布于福建、四川、云南、西藏等高海拔林带。以滇西北及西藏东南部多产。

【生长环境】夏、秋季在槠、栲类枯木、倒木的树皮缝处单个或成群生长。

【毒性】金耳含有丰富脂肪，蛋白质和磷、硫、锰、铁、镁、钙、钾等微量元素，是一种营养滋补品，也是重要的可食、药用菌，无毒。

【功效作用】有补心身、延年益寿的作用。含蛋白质、脂肪及多种微量元素。另能化痰、止咳、治哮喘、高血压及神经衰弱等症。

茶耳

【拉丁名】*Tremella foliacea*

【别名】血耳、茶银耳、茶片、红木耳、紫木耳、红耳。

【归属】层菌纲银耳目银耳科银耳属。

【形态特征】子实体小或中等大，直径 4～12 cm，由无数宽而薄的瓣片组成，瓣片厚，1.5～2 mm，胶质，半透明，浅褐色至锈褐色，干后变暗至近黑褐色、角质。子实层满覆于全部表面。担子深埋于子实层内，菌丝有锁状联合。担子纵裂 4 瓣，(12～18) μm×(10～12.5) μm。孢子光滑，无色，近球形，卵状椭圆形，基部尖，(7.5～10(12.5)) μm×(6.5～8.4(10.4)) μm。

【地理分布】分布于吉林、河北、广东、广西、海南、青海、四川、云南、安徽、湖南、江苏、陕西、贵州、西藏等地。

【生长环境】春至秋季，多生于林中阔叶树腐木上。单生至群生。该菌有时生在栽培香菇、木耳的段木上。

【毒性】该菌可食，黏滑可口，常被视为杂菌，很少食用。

【功效作用】据说可治妇科病。

血耳

【拉丁名】*Tremella sanguinea*

【别名】药耳、血色银耳、血木耳、茶木耳、褐血耳。

【归属】层菌纲银耳目银耳科银耳属。

【形态特征】子实体由许多曲折的瓣片组成似花朵，暗褐红色至黑褐色，较薄有弹性，干后色变深，直径 2～6 cm，高约 4 cm。担子近球形，纵隔成 4 个细胞。孢子卵圆形，光滑，无色，(9.5～16) μm×(9～11) μm。血耳和茶耳比较近似，茶耳色浅为淡茶色。

【地理分布】多分布于湖北省神农架等山林地区。

【生长环境】夏、秋季生于栓皮栎、枹栎等阔叶树干上。

【毒性】可食用，具有滋阴补阳和补血强身的功效，特别是妇女食用大有益处，是高级的纯天然绿色药食两用滋补食品，无毒。

【功效作用】甘，温。能益气活血，平肝阳，祛热毒。治肝炎、痢疾、妇科诸症。

金黄银耳

【拉丁名】*Tremella mesenterica*

【别名】黄金银耳、金耳、脑耳、黄木耳、金银耳、金木耳、五木耳。

【归属】层菌纲银耳目银耳科银耳属。

【形态特征】子实体中等至较大，鲜时胶质柔软，干后显著收缩，近角质或肉质，坚硬，表面橙黄色或金黄色，平滑，内部黄白色至白色，多由不规则的瓣团组成，呈脑状或不规则地缩成大肠状由许多较皱曲的裂瓣组成，直径 3～12 cm，高 2～5(8) cm，胶质，鲜黄至橘黄色，干后暗金黄色，内部微白色，基部较狭窄。菌肉厚，胶质有弹性，菌丝有锁状连合。担子近环形或宽椭圆状至卵圆形，纵裂为 4 个，(8～13) μm×(8～10) μm，上担子圆柱形，细长。孢子近球形至宽椭圆形，近无色至淡橙黄色，(7～12) μm×(6～10) μm。

【地理分布】分布于山西、吉林、福建、江西、四川、云南、甘肃、西藏等地。

【生长环境】多生长于夏、秋季，生长在海拔 1 900～3 300 m，年降雨量为 900～1 500 mm，年平均气温在 8～15℃的向阳透光的阔叶落叶林和针阔混交林中的黄栎、水青岗、石栗、高山栎、灰背栎(刺栎)等壳斗科植物腐木上，单生至群生。

【毒性】可食用。

【功效作用】中医认为，此菌性温带寒、味甘，能化痰，止咳、止喘调气、平肝阳，主治神经衰弱、肺热、痰多、感冒咳嗽、气喘、高血压等疾病。

橙黄银耳

【拉丁名】*Tremella lutescens*

【别名】金耳、亚橙耳。

【归属】层菌纲银耳目银耳科银耳属。

【形态特征】子实体一般较小。鲜时橘黄色，橙黄色，干时带橙红色，由许多厚而脑状或曲折的瓣片组成，直径 1～6 cm，高 1～2.5 cm，有的呈条状生长。直径可达 10 cm 或更大。菌丝浅黄色具锁状联合，粗 2.5～4 μm。担子卵圆形至椭圆形，纵裂四瓣，(12～23) μm×(8～18) μm，小梗细长，50～100 μm，上部膨大。孢子椭圆形，无色或浅黄色，含小油滴，(7.6～15) μm×(7～12) μm。

【地理分布】分布于四川、云南、广东、福建、湖南、吉林、山西、新疆、宁夏、陕西、西藏等地。

【生长环境】主要生于栎等阔叶树腐木上。

【毒性】可食用。

【功效作用】无。

第二十章　木　耳　科

黑木耳

【拉丁名】*Auricularia auricula*

【别名】木耳、耳子、川耳、云耳、光木耳、黑菜，桑耳、本菌、树鸡、木蛾、木茸、细木耳。

【归属】层菌纲木耳目木耳科木耳属。

【形态特征】子实体胶质，半透明，耳片薄，有弹性，中凹，耳形或杯状，直径2～12 cm，新鲜时软，干后收缩。子实层生里面，光滑或略有皱纹，红褐色或棕褐色，干后变深褐色或黑褐色。外面有短毛而不分隔，圆柱状，多弯曲，向顶端渐变浅，最后无色。孢子无色，光滑，常弯曲，腊肠形，(9～(16)17.5) μm×(5～7.5) μm。孢子印白色。

【地理分布】分布于黑龙江、吉林、辽宁、河北、河南、湖南、江苏、广东、广西、陕西、甘肃、四川、云南、福建、台湾、福建、西藏、海南等地。

【生长环境】春、夏、秋季雨后生于栎、杨、榕、洋槐等阔叶树上或针叶树冷杉的枯木上，单生或密集成丛生长，可引起木材腐坏。

【毒性】可食用，木耳是我国传统的食用菌。

【功效作用】性平、味甘、补血气、止血活血。有滋润、强壮、通便之功能。对小鼠肉瘤180的抑制率为42.5%～70%，对艾氏腹水癌的抑制率为80%；还可治疗高血压、血管硬化等心血管系统疾病和眼底出血。

角质木耳

【拉丁名】*Auricularia cornea*

【别名】无。

【归属】层菌纲木耳目木耳科木耳属。

【形态特征】子实体革质至胶质，下表面呈杯状，有细脉，无柄或近有柄，新鲜时红褐色，干时黄褐色或暗绿褐色，直径可达15 cm，厚0.8～1.2 mm。面柔毛长

180～220 μm，粗 5～7 μm，顶端圆。子实层表面光滑，厚 80～90 μm。担子棒状，(45～55) μm×(4～5) μm。孢子腊肠形，(13～16) μm×5 μm。

【地理分布】分布于福建、台湾等地。

【生长环境】春、夏季生于榕、玉兰等阔叶树枯木上。多数成群生长，罕为单生。

【毒性】可食用，无毒。

【功效作用】无。

皱木耳

【拉丁名】*Auricularia delicata*

【别名】脆木耳、多皱木耳、纲木耳、粗木耳、砂耳、朱耳、网木耳。

【归属】层菌纲木耳目木耳科木耳属。

【形态特征】子实体耳状或圆盘状，胶质，无柄或有短柄，着生在枯木上，(1.5～7) cm×(1～4) cm。子实层生里面，淡红褐色，有白色粉末，有明显皱褶，并形成网格，外面稍皱，红褐色，干后透明无色。有毛，毛无色，(35～170) μm×(4.5～7.5) μm。孢子无色，光滑，肾形，弯曲，(10～13) μm×(5～6) μm，内含 2～3 个油滴。担子圆柱形，(40～45) μm×(3～5) μm。

【地理分布】分布于海南、福建、台湾、广西、贵州、云南、西藏等地。

【生长环境】夏、秋季生于赤杨、千年桐等阔叶树枯木上，单生至群生。

【毒性】质地较脆，可药食两用。

【功效作用】具有补气血、润肺、止血。有滋润，强壮，通便之功效，并能治痔，据报道，该菌具有一定的抗癌活性。

盾形木耳

【拉丁名】*Auricularia peltata*

【别名】无。

【归属】层菌纲木耳目木耳科木耳属。

【形态特征】子实体盘状、杯状或耳状，胶质，柔软，背面着生，无柄或有柄，边缘游离，常连接在一起，褐色至红棕褐色。毛长 70～80 μm，粗 3～3.5 μm，透明无色至淡褐色，中线明显，顶端圆。子实层生于下表面，宽约 150 μm，有无定形的草酸结晶分散于整个子实层中，并扩展到中间层。担子三横隔膜，(35～45) μm×(3.5～4) μm，担孢子腊肠形至圆柱形，(11～13) μm×(5～5.6) μm。

【地理分布】分布于福建、江西、台湾等亚热带至热带气候区。

【生长环境】春、夏季生于阔叶树枯干上。

【毒性】可食用。

【功效作用】无。

毛木耳

【拉丁名】*Auricularia polytricha*

【别名】牛皮木耳、粗木耳、构耳、黄背木耳、白背木耳、沙木耳、毛耳。

【归属】层菌纲木耳目木耳科木耳属。

【形态特征】子实体初期呈杯状，后渐变为半球形，耳状或耳片状，胶质，浅圆盘形，直径 2～15(20) cm，厚 1.5～2 mm。有明显基部，无柄或具短柄，基部稍皱。子实层覆盖于子实体的下表面，红褐色，常带紫色，干后收缩变为灰紫色、灰色、暗褐色至黑色或红黄褐色，半透明，光滑无皱或略有凸凹。外面有较长绒毛，无色，仅基部褐色，长(400～1 100) μm×(4.5～6.5) μm，常成束生长。孢子椭圆形，无色透明，光滑，弯曲，(12～18) μm×(5～6) μm。孢子印白色。

【地理分布】分布于黑龙江、吉林、河北、山西、内蒙古、江苏、安徽、浙江、江西、福建、台湾、广东、广西、陕西、甘肃、青海、四川、贵州、云南、海南、西藏等地。

【生长环境】一年四季均有生长，生于杨树、柳树，桑树、栲树、栎树、枫香树、蓖麻、乌桕等阔叶树的树干上或腐木上，群生或丛生。

【毒性】该菌肉粗、质地脆，别有风味，可药食两用。

【功效作用】可药用，有益气强身、滋阴、润肺、活血、止血、止痛等功效，其药用效果与黑木耳近似。此外，该菌绒毛含多糖尤为丰富，多食用毛木耳有益于防癌抗癌，该菌对小白鼠肉瘤 180 抑制率为 90%，对艾氏腹水癌抑制率为 80%。

褐黄木耳

【拉丁名】*Auricularia fuslosuccinea*

【别名】褐琥珀木耳、琥珀木耳、紫耳、水耳(云南)。

【归属】层菌纲木耳目木耳科木耳属。

【形态特征】子实体平伏耳片状，胶质至角质，直径 4～5 cm，最大可达 12 cm，厚 0.5～0.8 mm，暗褐色，红褐色，琥珀褐色，有的粉色，薄而透明。背面被绒毛，污白色至浅淡黄色，(64～200) μm×(4～7.1) μm。菌丝有锁状联合。担子具 3 横隔和 4 小梗，近圆柱形，(30～60) μm×(4～6) μm，小梗(11～15) μm×(1～2) μm。

孢子近长方椭圆形，弯曲近肾形，(9～14(15.3)) μm×(4～5.6) μm。

【地理分布】分布于西藏、贵州、云南、广东、广西、湖北、海南、福建、台湾等我国南方亚热带地区。

【生长环境】夏季群生于法国梧桐、香叶树等阔叶林树枯木上。

【毒性】口感比木耳稍差，可食用。

【功效作用】具有降血脂、抗动脉粥样硬化、延缓衰老、抗辐射、抗炎、降血糖、抗癌、抗突变等作用。

第二十一章 鬼 笔 科

白鬼笔

【拉丁名】*Phallus inpudicus*

【别名】褐琥珀木耳、琥珀木耳、紫耳、水耳、竹下菌、竹菌、无裙菌、鬼笔、鬼笔菌。

【归属】腹菌纲鬼笔目鬼笔科鬼笔属。

【形态特征】子实体幼时卵球形，后伸长高达 18 cm，基部有白色菌托。菌盖钟形，有深网格，高 5 cm，宽 4 cm，成熟后顶平，有穿孔，生有暗绿色的黏而臭的孢子液。菌柄白色，海绵状，中空，近圆筒形，长 9 cm，粗 2.5 cm，基部有白色菌托。孢子长椭圆形至椭圆形，平滑，无色或近无色，稍透明，(2.8～4.5) μm×(1.7～2.3) μm。

【地理分布】分布于山西、安徽、广东、西藏等地。

【生长环境】夏、秋季，群生或单生于林中或竹林下的地上。

【毒性】可食，但需要把菌盖、菌托去掉，因为这两部分有臭味，常用作竹荪的代用品。

【功效作用】可药用，性温、味甘，有活血，除湿，止痛之功效。用于治疗风湿症。其发酵产物用紫外线照射解毒后，加若干金属盐治疗癌症，有一定的改善。

红鬼笔

【拉丁名】*Phallus rubicundus*

【别名】深红鬼笔、长虫花、鸡屎菌。

【归属】腹菌纲鬼笔目鬼笔科鬼笔属。

【形态特征】子实体中等或较大，高 10～20 cm。菌盖近钟形，具网纹格，上面有灰黑色恶臭的黏液(孢体)，浅红至橘红色，被黏液覆盖，顶端平，红色，并有孔口，盖高 1.5～3 cm，宽 1～1.5 cm。菌柄海绵状，红色，长 9～19 cm，粗 1～1.5 cm，圆柱形，中空，下部渐粗，色淡至白色，而上部色深，靠近顶部橘红至深红色。菌托有弹性，白色，长 2.5～3 cm，粗 1.5～2 cm。孢子椭圆形，几无色，(3.5～45) μm×

(2～2.3) μm。

【地理分布】分布于广东、广西、海南、云南、贵州、湖南、河南、湖北、香港、西藏、陕红鬼笔 西、新疆、甘肃、河北、辽宁、黑龙江、江苏等地。

【生长环境】夏、秋季在菜园、屋旁、路边、竹林等地上成群生长。多生长在腐殖质多的地方。

【毒性】此菌盖表面黏液腥臭，有人认为有毒或怀疑有毒。其实可以食用，洗去菌盖黏物，据说煮熟后可以食用，咀嚼酥脆，香嫩，与竹荪有点相似，不可吃太多，会引起身体发热。

【功效作用】据《本草拾疑》记载，可治"疮疽、虱疥、痈瘘"，有散毒、消肿、生肌作用。治疗疮疽时，将冲洗掉菌盖表面黏液后的子实体晒干或焙干，研末和香油调成膏涂或将干粉敷于患处。

短裙竹荪

【拉丁名】*Dictyophora duplicata*

【别名】竹荪、竹参、竹笙、面纱菌、网纱菌、竹姑娘、仙人笠、臭角菌。

【归属】腹菌纲鬼笔目鬼笔科竹荪属。

【形态特征】子实体高 10～18 cm。幼时卵球形，菌托粉灰色，直径 3.5～4 cm，白色至淡紫褐色，成熟时包被破裂，伸出笔形的菌托，菌盖钟形，高、宽各 3.5～5 cm，具显著网格，内含有绿褐色臭而黏的孢子液，顶端平，有穿孔。菌幕白色，从菌盖下垂达 3～5(6) cm，网眼圆形，直径 1～5 mm，有时部分呈膜状。柄白色或污白色，中孔，纺锤形至圆筒形，中部粗约 3 cm，向上渐细，壁海绵状。孢子平滑，无色，椭圆形，(3.5～4.5) μm×(2.2～2.8) μm。

由于其洁白，网眼状的菌幕似华丽的短裙或超短裙，清秀袅娜，故得名"短裙竹荪"。

【地理分布】分布于黑龙江、吉林、辽宁、河北、江苏、浙江、四川等地。

【生长环境】夏、秋季群生或单生于林中地上。

【毒性】可食，但需要把菌盖、菌托去掉。

【功效作用】该菌煮沸液，能防菜肴变质，和鱼肉共煮能防腐。短裙竹笋在贵州民间用于治疗痢疾。子实体的发酵液有降低中老年人血脂，调节脂肪酸及预防高血压病。

长裙竹荪

【拉丁名】*Dictyophora indusiata*

【别名】竹参、竹笙、面纱菌、网纱菌、竹菇娘、仙人笠、臭角菌、僧笠蕈、雪裙仙子。

【归属】腹菌纲鬼笔目鬼笔科竹荪属。

【形态特征】初时菌体卵球形，后伸长，高 12～26 cm。菌托白色或淡黄色，直径 3～5 cm。白色至淡紫褐色，成熟时包被破裂伸出笔形的孢托，菌盖钟形，高、宽各 3～5 cm，有显著网格，顶端平、有孔口，上有暗绿色、黏液状微臭的孢体；菌柄基部粗 2～4.5 cm，向上渐尖，白色，壁海绵状，中空；菌托鞘状蛋形，菌盖钟形，高宽各 3～5 cm，有显著网格，具微臭，孢子液为暗绿色，顶端平，有穿孔。菌幕白色，从菌盖下垂达 10 cm 以上，网眼多角形，宽 5～10 mm。柄白色，中空，基部粗 2～3 cm，向上渐细，壁海绵状。孢子椭圆形，(3.0～4.5) μm×(1.7～2.3(2.6)) μm。

【地理分布】分布于河北、江苏、四川、广东、广西、贵州、云南、台湾等地。

【生长环境】夏、秋季群生或单生于竹林或其他林内或庭园林中地上。

【毒性】为名贵食用菌，可食，但需去掉菌盖和菌托，味鲜可口。

【功效作用】可药用，治痢疾。有抗癌作用，对小白鼠肉瘤 180 的抑制率为 60%，对艾氏癌的抑制率为 70%。子实体的发酵液对高血压、高胆固醇及腹壁脂肪过厚等有较好的疗效。

棘托竹荪

【拉丁名】*Dictyophora echino-volvata*

【别名】无。

【归属】腹菌纲鬼笔目鬼笔科竹荪属。

【形态特征】子实体较小，外形瘦小，其形态近似长裙竹荪。菌盖薄而脆，菌盖近钟形，高 2.5～3.5 cm，宽 2.5～3 cm，菌裙白色，长，网格呈多角形。菌柄较长，海绵质，白色，长 9～15 cm，粗 2～3 cm。菌托呈杯状、白色，表面具白色凸起物，柔软，上端呈锥脊状，形似枫香球果，菌托基部棘突渐长。菌丝呈白色絮状，初期呈球形或卵圆形，直径 2～3 cm。孢子为无色，透明状，呈椭圆形，大小为(3.5～4) μm×(2～2.3) μm。

【地理分布】此种发现于湖南西南与贵州接壤地区。

【生长环境】生于竹及其混交林中，以半腐朽的竹木等废料为基物。

【毒性】可食用。

【功效作用】补气养阴，润肺止咳，清热利湿；主治肺虚热咳、喉炎、痢疾、白带、高血压、高血脂等病症。

红托竹荪

【拉丁名】*Dictyophora rubrovalvata*

【别名】竹荪、竹参、竹笙、面纱菌、网纱菌。

【归属】腹菌纲鬼笔目鬼笔科竹荪属。

【形态特征】红托竹荪子实体高 20～33 cm。菌盖钟形或钝圆锥形，高 5～6 cm，直径 3.5～4.5 cm，幼蕾呈卵球形，红色，成熟时变为长椭圆形，由顶端伸出白色笔形菌柄。表面有明显的网络，顶端平，有一孔，内含孢子。菌群下垂 7 cm，边宽 4～8 cm，有网眼，呈多角形，直径 0.5 cm，子实体高 11～20 cm，粗 3～5 cm，白色，海绵质，中空，菌托球形，红色，膜质。菌柄圆柱形，菌托球形，红色，膜质。孢子卵形、长卵形，光滑、透明，(2～2.5) μm×(3.7～4) μm，菌索伤后由白色转变为蓝紫色。

【地理分布】主要分布于云南、四川、浙江、贵州等地。

【生长环境】多单生子慈竹、刚竹林中地上和金竹的腐竹根、活根上，以及其秋木属的活根系周围。

【毒性】无。

【功效作用】据研究，红托竹荪多糖对小白鼠肉瘤 180 具有一定的抑制作用。

第二十二章　羊肚菌科

黑脉羊肚菌

【拉丁名】*Morchella angusticeps*

【别名】小尖羊肚菌。

【归属】盘菌纲盘菌目羊肚菌科羊肚菌属。

【形态特征】子实体中等或较大，菌盖圆锥形或近圆柱形，顶端一般尖，高 5～10 cm，粗 2.3～5.5 cm，凹坑多呈长方近圆形，淡褐色至蛋壳色，棱纹黑色，纵向排列，由横脉交织，边缘与菌柄连接一起。菌柄乳白色，近圆柱形，长 5.5～10.5 cm，粗 1.5～3 cm，上部稍有颗粒，基部往往有凹槽。子囊近圆柱形，(128～280) μm×17～25 μm，子囊孢子单行排列，(20～26) μm×(13～15.3) μm。侧丝顶端膨大，粗 8～13 μm。

【地理分布】分布于河北、江苏、四川、广东、广西、贵州、云南、台湾等地。

【生长环境】春末夏初，大量群生于云杉、冷杉林地上。

【毒性】可食用，味道鲜美，属重要的野生食用菌。

【功效作用】可药用，具有有理气、助消化、益肠胃之功效。

尖顶羊肚菌

【拉丁名】*Morchella conica*

【别名】小尖羊肚菌、锥形羊肚菌、羊肚菜、羊肚蘑。

【归属】盘菌纲盘菌目羊肚菌科羊肚菌属。

【形态特征】子实体较小，肉质，稍脆，菌盖长圆锥形，顶端尖或稍尖，高 3.5～8 cm，宽 2.5～4 cm，表面凹坑多为长方形、淡褐色，棱纹色较浅、多为纵向排列、由横脉连接，菌柄长 4～9.5 cm，粗 0.8～2.5 cm，白色，上部平滑，稍细，下部有不规则的稍粗的凹槽，中空。在显微镜下观察，子囊长圆柱形，透明，无色，表面下凹形成许多长形凹坑，多纵向排列，浅褐色。柄白色，有不规则纵沟，长 3～6 cm，粗 1～2.5 cm。子囊(250～290) μm×(17～21) μm。子囊孢子椭圆形，8 个单行排列，(20～24) μm×(12～15) μm。

【地理分布】分布于河北、江苏、山西、甘肃、云南、新疆等地。

【生长环境】春末夏初生于针阔叶混交林地上和林缘空旷处、草丛中。散生至群生，也有丛生。

【毒性】可食用，味道鲜美，属重要的野生食用菌。

【功效作用】该菌有治疗消化不良、健胃益脾、痰多气喘、清肺化痰的作用。

粗腿羊肚菌

【拉丁名】*Morchella crassipes*

【别名】粗柄羊肚菌、皱柄羊肚菌。

【归属】盘菌纲盘菌目羊肚菌科羊肚菌属。

【形态特征】子实体中等大。菌盖近圆锥形，长高 5～7 cm，宽 5 cm，表面有许多凹坑，似羊肚状，凹坑近圆形或不规则形，大而浅，淡黄色至黄褐色，交织成网状，网棱窄。柄粗壮，基部膨大，稍有凹槽，长 7 cm，粗 5 cm。子囊圆柱形，260 μm×21 μm，侧丝顶端膨大，270 μm×4.5 μm。子囊孢子 8 个，单行排列，子囊孢子无色，椭圆形，(15～26) μm×(12.5～17.5) μm。

【地理分布】分布于黑龙江、河北、山西、甘肃、新疆等地。

【生长环境】春末夏初生林中潮湿地上或开阔地上及河边沼泽地上。

【毒性】可食用，味道鲜美，属优质食用菌之一。

【功效作用】药用治消化不良，痰多气短，有理气、化痰、助消化的功效。

羊肚菌

【拉丁名】*Morchella deliciosa*

【别名】羊肚蘑、编笠菌、羊肚菜。

【归属】盘菌纲盘菌目羊肚菌科羊肚菌属。

【形态特征】子实体小或中等大。菌盖不规则圆形，长圆形，长 4～6 cm，直径 4～6 cm。表面形成许多凹坑，似羊肚状，淡黄褐色。柄白色，长 5～7 cm，粗 2～2.5 cm，有浅纵沟，基部稍膨大。子囊(200～300) μm×(18～22) μm。子囊孢子 8 个，单行排列，宽椭圆形，(20～24) μm×(12～15) μm。侧丝顶端膨大。

【地理分布】分布于吉林、河北、陕西、甘肃、青海、新疆、四川、山西、江苏、云南等地。

【生长环境】春末夏初生林中潮湿地上或开阔地上及河边沼泽地上。

【毒性】羊肚菌是一种极为珍贵的野生菌，可食用，味道鲜美。

【功效作用】羊肚菌具有补肾、壮阳、补脑、提神等功效，不仅营养丰富、味道鲜美，而且益肠胃，是治疗消化不良，痰多气短的良好中药，有独特的保健作用。

小羊肚菌

【拉丁名】*Morchella deliciosa*

【别名】小美羊肚菌。

【归属】盘菌纲盘菌目羊肚菌科羊肚菌属。

【形态特征】子囊果较小，高 4～10 cm。菌盖近圆锥形，高 1.7～3.3 cm，直径 0.8～1.5 cm，凹坑往往长圆形，浅褐色，棱纹常纵向排列，有横脉相互交织，色交凹坑，边缘与菌盖连接一起。菌柄长 2.5～6.5 cm，粗 0.5～1.8 cm，近白色至浅黄色，基部往往膨大且有凹槽。子囊近圆柱形，(300～350) μm×(16～25) μm。子囊孢子单行排列，椭圆形，(18～20) μm×(10～11) μm。侧丝有分隔或分枝，顶端膨大，粗 11～15 μm。

【地理分布】分布于甘肃、山西、福建等地。

【生长环境】生稀疏林地上，多散生。

【毒性】可食用，味道十分鲜美。

【功效作用】具有消食和胃，化痰理气之功效。

第二十三章　块　菌　科

黑孢块菌

【拉丁名】*Tuber melanosporum*

【别名】黑块菌、黑孢菇、隔山撬、猪拱菌、无粮藤果。

【归属】盘菌纲块菌目块菌科块菌属。

【形态特征】子囊果呈不规则球形、椭圆形，子囊果棕色至黑色，块状，从胡桃大小到拳头大小，表面有多角形的疣，疣顶凹陷。孢体早期白色，后呈棕色或灰色；成熟时变黑色，有白色呈大理石斑纹样的脉络。子囊袋状近球形((85～145) μm×(78～127) μm，无色，内含 2～4 个子囊孢子)，无柄，子囊孢子椭圆至长椭圆形，褐色，稍不透明，表面布以小刺，(32～40) μm×(23～31) μm。

【地理分布】分布于法国佩里法尔地区及意大利、西班牙等地。

【生长环境】多生于栎树下深达 30 cm 的钙质土中，与树木形成菌根。

【毒性】味道鲜美，属珍稀食用菌之一。

【功效作用】块菌泡制的保健酒香味独特、口感好，绿色保健和药理作用明显，具有壮阳、补肾，降低血清低密度脂蛋白、胆固醇，升高高密度脂蛋白，防止动脉粥样硬化及抗肿瘤等显著功效。时常饮用，有利于改善人体五脏六腑，具有增强免疫力、抗衰老、益胃、清神、止血、疗痔等药用价值。

夏块菌

【拉丁名】*Tuber aestivum*

【别名】无。

【归属】盘菌纲块菌目块菌科块菌属。

【形态特征】子囊果黑色、褐色至紫黑色，不规则球形，基部时常凹陷，直径达 9 cm，表面有 5～6 边的多角形规则的疣，疣的直径为 3～5 mm，用放大镜观察，疣的表面具有横向排列的密平行线。孢体苍白，后呈奶油色，最后变为污黄灰、或偶尔染以红色或紫色，有向内生长的、大量分枝的脉络、子囊早期棒状，具长或短柄，后变为球形且柄不明显，内部多含 4 个子囊孢子。子囊孢子椭圆形，表面有深浅不一的网纹，大小为(25～35) μm×25 μm。

【地理分布】分布于英国。

【生长环境】多生于钙质土地区的山毛榉林内或冬青树下，通常半露于土表，少见全埋于土内。每年夏季和秋季为采收季节。

【毒性】是块菌中味道鲜美，比较名贵的食用菌之一。

【功效作用】无。

第二十四章 裂褶菌科

裂褶菌

【拉丁名】*Schizophyllum commune*

【别名】白参、树花、白花、鸡毛菌、天花菌、八担柴。

【归属】层菌纲伞菌目裂褶菌科裂褶菌属。

【形态特征】子实体小型。菌盖直径 0.6～4.2 cm，质地韧，白色至灰白色，薄，面上具绒毛或粗毛，扁形或肾形，边缘往往深裂呈掌状或瓣状。菌肉薄，白色。菌褶窄，从基部辐射而出，白色或灰白色，后期带粉紫色，沿褶的边缘纵裂而反卷。菌柄短或无几。孢子圆柱形，无色，透明，表面光滑，有一斜尖，孢子，棍状，(5～5.5) μm×(1.5～2) μm。孢子印白色。

【地理分布】分布于黑龙江、吉林、辽宁、河北、山东、山西、江苏、内蒙古、安徽、江西、河南、湖南、湖北、广东、广西、甘肃、四川、贵州、云南、西藏、浙江、海南、福建、台湾等地。

【生长环境】春、秋季，生于阔叶树木或倒木、枯枝上，有时也生于针叶树倒腐木上，单生至群生，常在木耳、香菇、银耳段木上生长，被视为“杂菌”。

【毒性】一般嫩时食用，味道鲜美。

【功效作用】该菌性平、味甘，具滋补强身、清肝明目之功效，民间药用治疗妇女白带过多、头昏耳鸣、虚汗等疾。另外该菌子实体含裂褶菌多糖，该多糖对小白鼠肉瘤 180 和艾氏腹水癌的抑制率均达 70%以上。

第二十五章　光柄菇科

草菇

【拉丁名】*Volvariella volvacea*

【别名】美味草菇、南华菇、美味苞脚菇、中国菇、稻草菇、秆菇、麻菇、兰花菇、小包脚菇 、鸡通菌、细花草菇。

【归属】层菌纲伞菌目光柄菇科小包脚菇属。

【形态特征】子实体较大，菌盖初为钟形，伸展后中央稍凸起，直径 5～19 cm，干燥，灰色至灰褐色。中部色深，具辐射的纤毛状线条。菌肉白色，柔软，中部稍厚。菌褶白色，后变粉红色，稍密，宽，离生，不等长。菌柄具椭圆形，长 5～18 cm，粗 0.5～1.5 cm，白色或稍带黄色，光滑，内实，中生，易于菌盖分离。菌托较大，杯状，厚，白色至灰黑色。孢子印粉红色。孢子光滑，椭圆形，(6～8.4) μm×(4～5.6) μm。缘囊体棍棒状，顶端突起，(95～100) μm×(16～35) μm。孢子印粉红色。

【地理分布】分布于河北、福建、台湾、湖南、广西、四川、西藏等地。

【生长环境】多丛生于夏季雨后的草堆上。

【毒性】药食两用，菌肉嫩，口味鲜美。

【功效作用】草菇性寒，味甘，能消食去热，增进身体健康。维生素 C 含量多，可增加机体对传染疾病的抵抗力，加速创伤的愈合，防治坏血病，还有降低胆固醇的作用，有滋补强身的作用，常食草菇还可以提高人体的抗癌能力。

银丝草菇

【拉丁名】*Volvariella bombycina*

【别名】丝盖小苞脚菇、银丝菇、树生草菇。

【归属】层菌纲伞菌目光柄菇科草菇属。

【形态特征】子实体中等至大型。菌盖宽 4～9 cm 或更大，近半球形、钟形至稍平展，白色至稍带鹅毛黄色，具银丝样绒毛，往往菌盖表皮延伸且超过菌褶。菌肉白色，较薄。菌褶初期白色后变粉红色或肉红色，密，离生，不等长。菌柄近圆柱形，长 5～11 cm，粗 0.6～1.2 cm，白色，光滑，实心，稍弯曲。菌托大而厚，呈苞状，污白色带浅褐色，具裂纹或绒毛状鳞片。孢子印粉红色。孢子近无色，光滑，宽椭圆形至卵圆形，(7～10) μm×(4.5～5.7) μm。褶缘囊状体近纺锤形，顶端钝或尾状，(37.9～101) μm×(17.7～25) μm。褶侧囊状体近似褶缘囊状体。

【地理分布】分布于河北、山东、山西、辽宁、甘肃、新疆、西藏、四川、云南、福建、广东、广西等地。

【生长环境】夏、秋季常常单生或群生于阔叶树腐木或树桩腐朽处。

【毒性】可食用，味道一般。

【功效作用】暂无记载。

暗色光柄菇

【拉丁名】*Pluteus atricapillus*

【别名】无。

【归属】层菌纲伞菌目光柄菇科光柄菇属。

【形态特征】子实体较小。菌盖直径 3～6 cm，初期扁半球形，后期近扁平，中部凸凹不平，褐色至暗褐色，中央色深，菌肉污白色。菌褶粉白至粉红色，后呈肉粉色，离生，不等长。菌柄长 3～8 cm，粗 0.4～1 cm，柱形，白色，有纤毛，实心。孢子几无色，近球形，(7～9.5) μm×(5.5～7) μm。囊体瓶状有角。

【地理分布】分布于我国青海等地。

【生长环境】夏、秋季生于林地腐朽物质多的地上。

【毒性】无记载。

【功效作用】无记载。

灰光柄菇

【拉丁名】*Pluteus cervinus*

【别名】无。

【归属】层菌纲伞菌目光柄菇科光柄菇属。

【形态特征】子实体中等大。菌盖直径 5～11 cm，初近半球形，后渐平展，灰褐色至暗褐色，近光滑或具深色纤毛状鳞片，且往往中部较多，稍黏。菌肉白色，薄。菌褶白色至粉红色，稍密，离生，不等长。菌柄近圆柱形，长 7～9 cm，粗 0.4～1 cm，同菌盖色且上部白色，具毛，脆，内实至松软。孢子印粉红色。孢子无色，光滑，近卵圆形至椭圆形，稀近球形，(6.2～8.3) μm×(4.5～6.2) μm。囊状体梭形，顶部具 3～5 个犄角，(52～83) μm×(12～16.2) μm。

【地理分布】分布于吉林、河南、山西、江苏、福建、四川、甘肃、新疆、西藏等地。

【生长环境】春、秋季在林中地上或腐木上单生或散生,有时群生。

【毒性】可食用,味较差。

【功效作用】无记载。

狮黄光柄菇

【拉丁名】*Pluteus leoninus*

【别名】无。

【归属】层菌纲伞菌目光柄菇科光柄菇属。

【形态特征】子实体较小。菌盖直径3~7 cm,初期近钟形或扁半球形,后期扁平,中部稍凸起,表面湿润,鲜黄或橙黄色,顶部色深或有皱突起,边缘有细条纹及光泽。菌肉薄、脆,白色带黄。菌褶密,稍宽,离生,不等长,初期白色,后粉红色或肉色。菌柄长3~8 cm,粗0.4~1 cm,向下渐粗,基部稍膨大,黄白色,有纵条纹或深色纤毛状鳞片,内部松软至变空心。孢子印肉色。孢子光滑,带浅黄色,近球形,(5.5~7) μm×(4.5~6) μm。褶侧囊体近纺锤状,(45~70) μm×(12~20) μm。

【地理分布】主要分布于我国吉林、黑龙江、辽宁、河南、云南、四川、西藏、香港等地。

【生长环境】夏、秋季生阔叶树倒腐木或锯末上,往往大量群生或丛生。

【毒性】在日本记载可食用。

【功效作用】无。

柳生光柄菇

【拉丁名】*Pluteus salicinus*

【别名】柳木光柄菇。

【归属】层菌纲伞菌目光柄菇科光柄菇属。

【形态特征】子实体较小。菌盖直径2~5.5 cm,初期半球形至扁半球形,后期平展中部稍凸起,表面灰色、带绿灰褐色,中部暗灰色,湿润时有细条纹。菌肉盖部和柄基部污白色或带灰色。菌褶白色带粉红色,不等长,离生,较密。菌柄细长,柱形,往往向下稍膨大,长5~7 cm,粗0.3~0.7 cm。光滑,白色或变至同盖色。孢子椭圆形,光滑,(8~10) μm×(6~8) μm。孢子印粉红色。褶侧囊体梭形。

【地理分布】分布于吉林、甘肃、山西、西藏等地。

【生长环境】夏、秋季在腐木上群生。

【毒性】可食用。

【功效作用】无。

黑边光柄菇

【拉丁名】*Pluteus atromarginatus*

【别名】无。

【归属】层菌纲伞菌目光柄菇科光柄菇属。

【形态特征】子实体小至中等大，菌盖直径 6～8 cm，钟形至平展，中部凸起，淡褐色，具黑褐色近絮状鳞片，粗糙，边缘具棱纹。菌肉白色，近表皮处褐色。薄，菌褶白色至淡红褐色，离生，密而宽，不等长，褶缘黑褐色。菌柄长 2.5～6 cm，粗 0.2～1 cm，圆柱形，同盖色或色较浅，具纤毛状条纹，下部有褐色点状鳞片，扭转，内实变松软至空心，孢子印粉红色。孢子无色或稍带黄色，光滑，宽椭圆形至方椭圆形，(4～6.2) μm×(4～4.2) μm。褶侧囊体近纺锤状或近梭形，顶端具 2～3 角或有时钝圆，(37.4～60) μm×(14.5～16.6) μm。褶缘囊体泡囊状或卵圆形至椭圆形。

【地理分布】分布于吉林、甘肃、四川、西藏等地。

【生长环境】夏、秋季于针叶树等腐木上丛生或群生。

【毒性】可食用，但味道较差。

【功效作用】无。

粉褐光柄菇

【拉丁名】*Pluteus depauperatus*

【别名】无。

【归属】层菌纲伞菌目光柄菇科光柄菇属。

【形态特征】子实体小，菌盖直径 2.5～4 cm，扁半球形或扁平至平展，粉灰色，中部色稍深，表面光滑或后期形成小鳞片或开裂，边缘有条纹。菌肉污白色，薄，菌褶粉白色至粉红褐色，离生，稍密，不等长。菌柄长 3～5 cm，粗 0.3～0.4 cm，柱形、白色、宽椭圆形至近球形，(7～8) μm×(5.5～6.8) μm。褶囊体无色，棒状或梭形，(60～180) μm×(15～35) μm。

【地理分布】分布于吉林、西藏等地。

【生长环境】秋季于阔叶树等腐木上。

【毒性】可食用，但味道较差。

【功效作用】无。

帽盖光柄菇

【拉丁名】*Pluteus petasatus*

【别名】无。

【归属】层菌纲伞菌目光柄菇科光柄菇属。

【形态特征】子实体中等至较大，菌盖直径 5～18 cm，初期扁半球形，后期近平展，表面污白至近乳白色，中部带褐色或灰褐色或有鳞片，边缘白色，平滑。菌肉白色，较厚，松软，不变色。菌柄一般粗壮，长 6～15 cm，粗 1～3 cm，污白色或下部色稍深或有条纹，近光滑，内部松软而白色。菌褶初期污白色至粉色，后呈粉肉色，离生，宽，密，不等长，边缘伤处色稍变深。孢子印粉红肉色。孢子浅褐黄色，光滑，近球形，宽椭圆形或方椭圆形，(5.4～8.4) μm×(4.3～5.4) μm。褶侧囊体无色，壁厚，顶部有角，近瓶状，(40～76) μm×(7.6～10.2) μm。

【地理分布】分布于吉林、西藏等地。

【生长环境】夏末至秋季生于林地、林缘腐物多的地上或腐朽木上，群生。

【毒性】可食用，但味道较差。

【功效作用】无。

皱盖光柄菇

【拉丁名】*Pluteus umbrosus*

【别名】无。

【归属】层菌纲伞菌目光柄菇科光柄菇属。

【形态特征】子实体小或中等，菌盖直径 3～9 cm，半球形或扁半球形至扁平，表面褐色有绒毛，中部暗褐色网纹状。菌肉污白色，稍薄。菌褶污白色或粉红至近褐色，离生，密，褶缘暗色。菌柄长 3.5～9 cm，粗 0.4～1.4 cm，柱形，污白色，有绒毛或纤毛状小鳞片，内部白且松软，基部稍膨大。孢子稍有污黄色，光滑，近球形，(6～7.2) μm×(4～5.5) μm。

【地理分布】分布于吉林、西藏等地。

【生长环境】夏、秋季生于腐朽木上。

【毒性】可食用。

【功效作用】无。

第二十六章　鹅膏菌科

橙盖鹅膏菌

【拉丁名】*Amanita caesarea*

【别名】黄罗伞、黄鹅蛋菌、橙盖鹅膏、鸡蛋黄蘑、橙盖伞、橙伞、白橙盖鹅膏菌、红鹅膏、芝麻菌、引子菌、黄龙伞。

【归属】层菌纲伞菌目鹅膏菌科鹅膏菌属。

【形态特征】子实体大型。菌盖直径 4～20 cm，菌盖初期卵圆形至钟形，近半球形，后渐平展，中间稍凸起，鲜橙黄色至橘红色，表面光滑，稍黏，边缘具明显条纹。菌肉浅黄色。菌褶黄色，较厚，密，离生，不等长，宽 3～6 mm，易与菌盖分离，与菌柄近离生。菌柄圆柱形，长 5～25 cm，粗 0.7～2 cm，浅黄色，往往具橙色花纹或鳞片，内部松软至空心。菌环较大，生菌柄上部，淡黄色，膜质，下垂，上面具细条纹。菌托大，苞状，膜质，黄白色，有时破裂成片附着在菌盖表面。孢子无色，光滑，宽椭圆形至卵圆形，(10～12.6) μm×(6～8.5) μm。孢子印白色。

【地理分布】分布于河北、内蒙古、黑龙江、安徽、福建、湖北、湖南、河南、四川、云南、广东、西藏等地。

【生长环境】夏、秋季，散生或群生于马尾松等针阔叶林中地上，此菌是树木的外生菌根菌，与云杉、冷杉、山毛榉、栎等树木形成菌根。

【毒性】可食用，味道鲜美，颜色和味道都像鸡蛋黄一样，属著名食菌，据记载，罗马帝国恺撒大帝最喜食此菌，故有恺撒蘑菇(Caesadrs Mushroom)之称。

【功效作用】据报道，该菌的乙醇提取物对小白鼠肉瘤 180 有抑制作用。

毒蝇鹅膏菌

【拉丁名】*Amanita muscaria*

【别名】蛤蟆菌、捕蝇菌、毒蝇菌、毒蝇伞。

【归属】层菌纲伞菌目鹅膏菌科鹅膏菌属。

【形态特征】子实体较大。菌盖直径 6～20 cm。边缘有明显的短条棱，鲜红色或橘红色，有白色或稍带黄色的颗粒状鳞片。菌褶纯白色，密，离生，不等长。菌肉白色，靠近盖表皮处红色。菌柄纯白，长 12～25 cm，粗 1～2.5 cm，表面常有细小鳞片，基部膨大呈球形，并有数圈白色絮状颗粒组成的菌托。菌环白色膜质。孢子印白色。孢子无色，宽卵圆形，光滑，内含油滴，(8.6～10.4(12.7)) μm×(6～8.8(10.7)) μm，非糊性反应。

【地理分布】分布于黑龙江、吉林、四川、西藏、云南等地。

【生长环境】夏、秋季在林中地上成群生长。此菌属外生菌根菌。

【毒性】剧毒，其毒素有毒蝇碱（muscarine）、异鹅膏胺（muscimol）、异鹅膏氨酸（mucazone）以及豹斑毒伞素（pantherin）等。误食后约 6 h 以内发病，出现剧烈恶心、呕吐、腹痛、腹泻及精神错乱，出汗、发冷、肌肉抽搐、脉减慢、呼吸困难或牙关紧闭，头晕眼花，神志不清等症状。及时用阿托品疗效较好。

【功效作用】子实体的乙醇提取物，对小白鼠肉瘤 180 有抑制作用。另外所含毒蝇碱等毒素对苍蝇等昆虫毒杀力很强，可用于农林业生物防治。

白毒蝇鹅膏菌

【拉丁名】*Amanita muscaria*

【别名】毒蝇鹅膏菌白色变种。

【归属】层菌纲伞菌目鹅膏菌科鹅膏菌属。

【形态特征】毒蝇鹅膏菌菌褶纯白色，密，离生，不等长，褶缘有细粉粒。菌肉白色，靠近盖表皮处红色。菌柄较长，直立，纯白，表面常有细小鳞。夏、秋季在林中地上成群生长。子实体中等至较大。菌盖直径 5～22 cm，半球形至扁半球形，白色，有易脱落的小鳞片，中部鳞片密集，呈同心环状排列，边缘有细条棱。菌肉白色，较薄，无明显气味。菌褶白色，离生，褶缘平滑。菌柄白色或带灰色，圆柱形，长 5～27 cm，粗 0.6～2 cm，菌环以上色浅且光滑，菌环以下具纤毛状鳞片，基部稍膨大，内部实心。菌环上表面白色有细条纹，下表面带灰色，生柄之上部。菌托由颗粒组成。近苞状，灰色。孢子球形，光滑无色，含油滴，5～11 μm，非糊性反应。褶缘细胞呈棒状。

【地理分布】分布于黑龙江、吉林、四川、西藏、云南等地。

【生长环境】夏、秋季在林中地上成群生长。此菌属外生菌根菌。与云杉、冷杉、落叶松、松、黄杉、桦、山毛榉、栎、杨等树木形成菌根。

【毒性】可能有毒。潜伏期 0.5～2 h，毒素作用中枢神经系统，表现为精神异常，烦躁不安、痉挛、视力模糊或幻视。4～24 h 后恢复正常。误食后约 6 h 以内发病，产生剧烈恶心、呕吐、腹痛、腹泻及精神错乱、出汗、发冷、肌肉抽搐、脉搏减慢、呼吸困难或牙关紧闭、头晕眼花、神志不清等症状。及时用阿托品疗效较好。

【功效作用】可利用来毒杀苍蝇等昆虫，用于农林业生物防治。

豹斑毒鹅膏菌

【拉丁名】*Amanita pantherina*

【别名】豹斑毒伞、满天星（四川）、白籽麻菌（四川、广西）、斑毒伞。

【归属】层菌纲伞菌目鹅膏菌科鹅膏菌属。

【形态特征】子实体中等大。菌盖初期扁半球形，后期渐平展，直径7.5～14 cm，盖表面褐色或棕褐色，有时污白色，散布白色至污白色的小斑块或颗粒状鳞片，老后部分脱落，盖缘有明显的条棱，当湿润时表面黏。菌肉白色。菌褶白色，离生，不等长。菌柄圆柱形，长5～17 cm，粗0.8～2.5 cm，表面有小鳞片，内部松软至空心，基部膨大有几圈环带状的菌托。菌环一般生长在中下部。孢子印白色。孢子光滑无色，宽椭圆形，(10～12.5) μm×(7.2～9.3) μm，非糊性反应。

【地理分布】分布于黑龙江、吉林、河北、河南、安徽、福建、广东、广西、海南、四川、云南、贵州、西藏、青海等地。

【生长环境】夏、秋季在阔叶林或针叶林中地上成群生长。此菌是树木的外生菌根菌，与云杉、雪松、冷杉、黄杉、栗、栎、鹅耳枥、椴等树木形成菌根。

【毒性】有毒。含有毒蝇鹅膏菌相似的毒素及豹斑毒伞素等毒素。食后0.5～6 h发病。主要表现为副交感神经兴奋，呕吐、腹泻、大量出汗、流泪、流涎、瞳孔缩小、感光消失、脉搏减慢、呼吸障碍、体温下降，四肢发冷等。中毒严重时出现幻视、谵语、抽搐、昏迷，甚至有肝损害和出血等。及时用阿托品疗效较好。

【功效作用】可利用来毒杀苍蝇等昆虫，用于农林业生物防治。

鬼笔鹅膏

【拉丁名】*Amanita phalloides*

【别名】毒鹅膏菌，绿帽菌、蒜叶菌、高把菌、毒伞。

【归属】层菌纲伞菌目鹅膏菌科鹅膏菌属。

【形态特征】子实体一般中等大。菌盖直径4～13 cm，表面光滑，边缘无条纹，菌盖初期近卵圆形至钟形，开伞后近平展，表面灰褐绿色、烟灰褐色至暗绿灰色，往往有放射状内生条纹。菌肉白色。菌褶白色，离生，稍密，不等长。菌柄白色，细长，圆柱形，长5～18 cm，粗0.6～2 cm，表面光滑或稍有纤毛状鳞片及花纹，基部膨大成球形，内部松软至空心。菌托较大而厚，呈苞状，白色。菌环白色，生菌柄之上部。孢子印白色。孢子无色，近球形或卵圆形，(7.8～11.7) μm×(6.5～7.8) μm。

【地理分布】分布于江苏、江西、湖北、安徽、福建、湖南、广东、广西、四川、贵州、云南等地。

【生长环境】生长在林地，特别是橡树林或山毛榉树林里，夏、秋季在阔叶林中地上也有，单生或群生。此种是树木的外生菌根菌，与松、云杉、栎、山毛榉、栗等形成菌根。

【毒性】此菌极毒，含有毒肽(phallotoxins)和毒伞肽(amatoxins)两大类毒素。一旦食用就会对肝、肾造成损伤。食用后 6～15 h 开始出现症状，表现为呕吐、神经错乱、恶心、腹痛、腹泻，此后 1～2 d 似乎病愈，实际上毒素进一步损害肝、肾、心脏、肺、大脑中枢神经系统。这时患者以为病愈，也可以活动。但接着病情很快恶化，出现呼吸困难、烦躁不安、谵语、面肌抽搐、小腿肌肉痉挛。病情进一步加重，出现肝、肾细胞损害，黄疸，急性肝炎，肝肿大及肝萎缩，最后昏迷。死亡率高达 50% 以上，甚至 100%。对此毒菌中毒必须及时采取以解毒保肝为主的治疗措施。

【功效作用】云南民间利用毒伞的浸煮液杀红蜘蛛。另外据记载幼小菌体毒性更大。毒鹅膏菌子实体的提取液对大白鼠吉田肉瘤有抑制作用和免疫活性。

第二十七章　粉褶菌科

斜盖粉褶菌

【拉丁名】*Rhodophyllus abortivus*

【别名】角孢斜盖菌伞、角孢斜顶蕈。

【归属】层菌纲伞菌目粉褶菌科粉褶菌属。

【形态特征】子实体中等至稍大。菌盖直径 3～9.5 cm，扁球形至近平展，往往偏斜，中部稍下凹，污白色或蓝灰白色，有时变至淡黄褐色，光滑，边缘平滑。菌肉白色。菌褶开始近白色，后变粉红色，稍密，延生，不等长。菌柄近柱形，淡灰色，基部白色，长 3～8 cm，粗 0.5～1.5 cm，内实，纤维质，有纵纹。孢子印粉红色。孢子无色，光滑，长椭圆状多角形，(7.5～10.4) μm×(5～6.3) μm。

【地理分布】分布于河北、河南、四川等地。

【生长环境】秋季近丛生、群生或单生于林中地上。

【毒性】可以食用，味道鲜美。

【功效作用】据记载，提取物对小白鼠肉瘤 180 有抑制作用。

晶盖粉褶菌

【拉丁名】*Rhodophyllus clypeatus*

【别名】豆菌、红质赤褶菇。

【归属】层菌纲伞菌目粉褶菌科粉褶菌属。

【形态特征】子实体一般中等大。菌盖直径 2～10 cm，近钟形至平展，中部稍凸起，青灰褐色或朽叶色，光滑，具深色条纹，湿时水渍状，边缘近波状，老后具不明显短条纹。菌肉白色，薄。菌褶初期粉白色，后变肉粉色，较稀，弯生，不等长，边缘齿状或波状。菌柄白色，圆柱形，长 5～12 cm，粗 0.5～1.5 cm，具纵条纹，质脆，内实变空心。孢子印粉色。孢子呈球状多角形，(8.8～13.8) μm×(7.5～11.3) μm。

【地理分布】分布于黑龙江、吉林、河北、四川等地。

【生长环境】夏、秋季群生或散生于混交林中地上。此菌与蔷薇科的李、山楂等树木形成外生菌根。

【毒性】可以食用,味道鲜美。

【功效作用】据记载,提取物对小白鼠肉瘤 180 的抑制率为 100%,对艾氏腹水癌的抑制率为 100%。

第二十八章　麦角菌科

冬虫夏草

【拉丁名】*Cordyceps sinensis*

【别名】虫草、冬虫草。

【归属】子囊菌纲肉座菌目麦角菌科虫草属。

【形态特征】虫草子座独生，偶有 2～3 个分枝，从寄主昆虫头部长出与虫体平行，长 3.5～12 cm，基部粗 1.5～6 mm，向上渐细，紫褐色、咖啡色至深褐色；头部近圆柱形或长棍棒形，初时内部充实，后变中空，长 1～4.5 cm(不孕头部除外)，粗 2.5～6 mm，尖端具有的不孕顶部长 1.5～5.5 mm、成熟后叉状裂开，髓部白色。在显微镜下观察，子囊壳生于子座的近表面，基部稍陷于子座内，椭圆形至卵形，腔径(380～550) μm×(120～250) μm；子囊细长，(240～490) μm×(12～16) μm；孢子 2 个，有多数横隔，不分为小段，长线形，(160～477) μm×(5～6.5) μm。

【地理分布】冬虫夏草主产于四川、西藏、甘肃、云南和青海等地。

【生长环境】盛夏，海拔 3 800 m 以上的雪山草甸上，冰雪消融，蝙蝠蛾便将虫卵留在花叶上。继而蛾卵变成小虫，钻进潮湿疏松的土壤里，吸收植物根茎的营养，逐渐将身体养得洁白肥胖。这时，球形的子囊孢子遇到虫草蝙蝠蛾幼虫，便钻进虫体内部，吸收其营养，萌发菌丝。当虫草蝙蝠蛾的幼虫食到有虫草真菌的叶子时也会成为虫草。

【毒性】可食用。

【功效作用】中医认为该菌性温、味甘、后微辛，具有补精益髓、保肺、益肾、止血，化痰、止痨嗽等功效，主治肺结核、痰中带血、咯血、虚劳咳嗽、贫血、阳痿不举、梦泄遗精、夜出盗汗、身体虚弱，腰膝间痛等病症。

第二十九章 须腹菌科

黑络丸菌

【拉丁名】*Rhizopogon piceus*

【别名】黑根须腹菌、黑络丸、松络丸、松菰。

【归属】腹菌纲层腹菌目腹菌科根须腹菌属。

【形态特征】担子果呈不规则球形，直径达 1.5 cm，表面光滑，出土时绿黄色，随即变为污黄，后变褐色至黑色，表面生长着丰富的菌丝索。包被单层，厚 300～500 μm。孢体褐黄色，韧而有弹性，腔无数而小，早期空，后充以孢子。担孢子成堆时褐色，单个时呈橄榄色，近椭圆形，许多具不明显的角至近三角形，(7.2～8(～11)) μm×(2.9～3.7) μm，在子实层内分布有高度胶质化、厚壁细胞。

【地理分布】主要分布于山西、福建的部分地区。

【生长环境】春季或秋季，一般生长在松树下，半埋于土中。

【毒性】可食，具有胡桃或葡萄酒的气味。

【功效作用】此菌有一定的止血作用，主要用于外伤出血的治疗。

红须腹菌

【拉丁名】*Rhizopogon rubescens*

【别名】无。

【归属】腹菌纲层腹菌目腹菌科根须腹菌属。

【形态特征】担子果新鲜时直径 1～6 cm，球形、近球形、梨形或由于彼此挤压而呈角形，幼小时白色且被以絮状纤维，很快被以稀疏的菌丝索，上表皮菌丝继而变为较紧密的一层(呈淡黄色)，最后为蜜黄至黄赭色，受伤或暴露部位呈红褐色。孢体早期白色而柔软，后变为橄榄黄色，为软骨质，成熟时胶质呈暗橄榄褐色。干燥后为橄榄黄褐色至橄榄黄色。成熟腔的大小为 0.25～0.75 mm。担孢子(8～10) μm×(3.2～4.2) μm，近纺锤形、卵形至长方形，无色至淡黄色，有一不明显基痕,壁稍增厚。担子产生4、6或8个孢子。侧丝(10～28)μm×(7～12)μm,棒状、卵形至椭圆形。

【地理分布】主要分布于香港、福建、云南等部分地区。

【生长环境】一般生长于针叶树下,半外露。此菌为树木外生菌根菌。

【毒性】可食用,无气味或老熟后有时似腐败的卷心菜气味。

【功效作用】据研究报道,此菌有一定的抗癌活性。

第三十章 蜡 伞 科

尖顶金蜡伞

【拉丁名】*Hygrophorus acutoconica*

【别名】无。

【归属】层菌纲伞菌目蜡伞科蜡伞属。

【形态特征】子实体小。菌盖直径 2～5 cm，圆锥形至斗笠形，中部有一凸尖，金黄色至橙黄色，表面黏，边缘可开裂。菌肉浅黄色。菌褶浅黄色，近离生。有横脉，不等长。菌柄长 4～6 cm，粗 0.3～0.6 cm，向基部渐粗，黄色，表面有条纹。孢子光滑，近卵圆形，(11～12.5) μm×(7～10) μm。担子多为 2 小梗。

【地理分布】主要分布于四川、陕西等地。

【生长环境】秋季生于林中地上。

【毒性】暂无记载。

【功效作用】无。

美味蜡伞

【拉丁名】*Hygrophorus agathosmus*

【别名】无。

【归属】层菌纲伞菌目蜡伞科蜡伞属。

【形态特征】子实体小至中等大。菌盖直径 5～13 cm，初期扁半球形，后期近平展，中部稍凸起，鼠灰色，表面光滑，黏，边缘内卷至平展。菌肉白色，气味香，菌褶白色至带灰色，直生至稍延生，较密，薄，似蜡质，菌柄长 4～10 cm，粗 0.5～2 cm，干或湿润，光滑，上部有粉，下部在老时变灰色及有条纹，实心。孢子无色，光滑，椭圆形，(7～10) μm×(4.5～5.5) μm。

【地理分布】主要分布于吉林、云南、新疆等地。

【生长环境】夏、秋季于云杉、松及混交林中地上，群生。

【毒性】可食用，菌肉有杏仁味。

【功效作用】无。

褐盖蜡伞

【拉丁名】*Hygrophorus camarophyllus*

【别名】无。

【归属】层菌纲伞菌目蜡伞科蜡伞属。

【形态特征】子实体中等大。菌盖直径 6～10 cm，扁半球形，顶部钝或稍凸起，暗褐色或黑褐色，表面光滑无毛，黏或较黏，边缘色淡且内卷。菌肉白色，较厚。菌褶淡红色至带黄褐色，延生，常稍稀，较窄，厚，有横脉，不等长。菌柄长 6～16 cm，粗 0.8～1.5 cm，表面干燥，黑灰褐色，具细条纹，上部被粉粒，内部松软。孢子印白色。孢子无色，光滑，椭圆形，(5.5～7) μm×(4～5) μm。

【地理分布】主要分布于吉林、湖南等地。

【生长环境】夏、秋季生于针叶林中地上。

【毒性】可食用。

【功效作用】无。

蜡伞

【拉丁名】*Hygrophorus ceraceus*

【别名】无。

【归属】层菌纲伞菌目蜡伞科蜡伞属。

【形态特征】子实体小，黄色。菌盖直径 2～4.5 cm，扁半球形至平展，脆，光滑，黏。边缘有细条纹。菌肉黄色，很薄。菌褶淡黄色，近延生，稀，很宽，较厚。菌柄细长，长 5～9 cm，粗 0.3～0.5 cm，圆柱形，同盖色，基部白色，表面光滑，内部空心。孢子无色，光滑，椭圆形或宽椭圆形，(6.5～8.5) μm×(5～6) μm。

【地理分布】主要分布于安徽、西藏等地。

【生长环境】夏、秋季生于林中地上。

【毒性】可食用。

【功效作用】无。

蜡黄蜡伞

【拉丁名】*Hygrophorus chlorophanus*

【别名】无。

【归属】层菌纲伞菌目蜡伞科蜡伞属。

【形态特征】子实体一般小。菌盖直径 2～5 cm，初期半球形至钟形，后平展，硫黄色至金黄色，表面光滑而黏，边缘有细条纹或常开裂。菌肉淡黄色，薄，脆。菌褶同盖色或稍浅，直生或弯生，稍稀，薄。菌柄长 4～8 cm，粗 0.3～0.8 cm，圆柱形，稍弯曲，同盖色，表面光滑，黏。往往有纵裂纹。孢子无色，光滑，椭圆形，(6～8) μm×(4.5～5) μm。

【地理分布】主要分布于吉林、云南等地。

【生长环境】夏、秋季生于林中或林缘及草地上，群生。

【毒性】可食用。

【功效作用】无。

金粒蜡伞

【拉丁名】*Hygrophorus chrysodon*

【别名】无。

【归属】层菌纲伞菌目蜡伞科蜡伞属。

【形态特征】子实体较小，白色。菌盖直径 2.5～8 cm，扁半球形至稍平展，顶部凸起，中部白色，有金黄色颗粒。干时有光亮，湿时黏，初期边缘内卷，具簇生绒毛。菌肉白色，稍厚。菌褶白色，延生，蜡质，稀，宽，厚，且边缘薄，褶缘有黄色粉状物。菌柄长 2.5～8.5 cm，粗 0.5～2 cm，白色，顶部具金黄色粉粒。孢子无色，光滑，椭圆形，(7～10) μm×(3.5～5) μm。

【地理分布】主要分布于黑龙江、吉林、辽宁、甘肃、云南、西藏等地。

【生长环境】夏、秋季于林中地上单生或群生。

【毒性】可食用。

【功效作用】无。

变黑蜡伞

【拉丁名】*Hygrophorus conicus*

【别名】无。

【归属】层菌纲伞菌目蜡伞科蜡伞属。

【形态特征】子实体较小，受伤处易变黑色。菌盖直径 2～6 cm，初期圆锥形，后呈斗笠形，橙红、橙黄或鲜红色，从顶部向四面分散出许多深色条纹，边缘常开裂。菌肉浅黄色，尤其菌柄下部最容易变黑色。菌褶浅黄色。菌柄长 4～12 cm，粗 0.5～1.2 cm，表面带橙色并有纵条纹，内部变空心。孢子带黄色，光滑，稍圆形，(10～12) μm×(7.5～8.7) μm。

【地理分布】主要分布于黑龙江、吉林、河北、台湾、福建、广西、湖南、四川、云南、西藏、新疆等地。

【生长环境】夏、秋季于针叶林或阔叶林中地上群生或散生。

【毒性】多记载有毒，中毒后潜伏期较长。发病后剧烈吐、泻，类似霍乱，甚至因脱水休克而死亡。

【功效作用】无。

深黄蜡伞

【拉丁名】*Hygrophorus craceus*

【别名】无。

【归属】层菌纲伞菌目蜡伞科蜡伞属。

【形态特征】子实体小。菌盖直径 2～4.5 cm，扁半球形至平展，蜡黄色、浅橘黄色及污黄色，边缘有条纹，质脆，黏。菌肉薄，同盖色。菌褶浅黄色，近延生，稀、厚、宽。菌柄细长，长 4～9 cm，粗 0.3～0.6 cm，圆柱形，同盖色，光滑。孢子无色、光滑、椭圆形，(6.5～9) μm×(5～6) μm。

【地理分布】主要分布于吉林、河北、安徽等地。

【生长环境】夏、秋季生于林中地上。

【毒性】可食用。

【功效作用】无。

盘状蜡伞

【拉丁名】*Hygrophorus discoideus*

【别名】无。

【归属】层菌纲伞菌目蜡伞科蜡伞属。

【形态特征】子实体小。菌盖直径 2～4.5 cm，扁半球形至扁平，后期中部凸或稍凹，黄褐色，边缘浅而中央暗青褐色，后期周边稍上翘。菌肉白色。菌褶污白带黄，不等长，菌拊长 3～6 cm，粗 0.3～0.8 cm，柱形，白色至浅褐色，有纤毛状鳞片，松软至空心。孢子无色，光滑，椭圆形，(5.5～8) μm×(3.3～5) μm。

【地理分布】主要分布于宁夏等地。

【生长环境】秋季生于针叶林地上，群生。

【毒性】可食用。

【功效作用】无。

白蜡伞

【拉丁名】*Hygrophorus ebumesus*

【别名】无。

【归属】层菌纲伞菌目蜡伞科蜡伞属。

【形态特征】子实体一般较小,白色。菌盖直径2～8 cm,扁半球形至平展,白色,后期带黄色,有时带粉红色,光滑,黏,湿时更黏。菌肉白色,中部稍厚。菌褶近延生,稀,不等长。菌柄细长,长5～13 cm,粗0.3～1.5 cm,近柱形,下部渐细,光滑,顶部有鳞片。担子细长。孢子无色,光滑。椭圆形,(6～9.5) μm×(3～5) μm。

【地理分布】主要分布于黑龙江、吉林、四川、云南、西藏等地。

【生长环境】夏、秋季于阔叶林或混交林中地上,群生或近丛生。与栎树等树木形成外生菌根。

【毒性】可食用。

【功效作用】无。

变红蜡伞

【拉丁名】*Hygrophorus erubesceus*

【别名】无。

【归属】层菌纲伞菌目蜡伞科蜡伞属。

【形态特征】子实体中等大。菌盖直径6～10 cm,扁半球形后扁平,中部硝凸出。初期中部有污红色斑点,后期表面由污白变至红色,具内生条纹,边缘内卷至逐渐上翘,湿时黏。菌肉白色,伤处变黄色,较厚。菌褶白色后变淡红色及褐红色斑点,直生至延生,较密至稍稀,窄,不等长。菌柄长5～12 cm,粗0.8～2 cm,圆柱形,向下渐细,白色,后同盖色有红褐色斑点,顶部具有粉末状颗粒,内实。孢子无色,光滑,椭圆形,(7～9) μm×(5～6) μm。

【地理分布】主要分布于黑龙江、吉林、四川、云南、甘肃、陕西等地。

【生长环境】夏、秋季于林中地上,群生。

【毒性】可食用。

【功效作用】无。

粉肉色蜡伞

【拉丁名】*Hygrophorus fagi*

【别名】无。

【归属】层菌纲伞菌目蜡伞科蜡伞属。

【形态特征】子实体中等大。菌盖大,直径 5～10 cm,半球形至扁平。浅污白黄带粉红色,中部色深,边缘内卷,表面黏,菌肉白色,较厚。菌褶直生至延生,稍密,不等长。菌柄长 6～15 cm,粗 0.6～1.5 cm,粗壮、粗糙、有条纹,基部稍细变金黄色,内实。孢子光滑,(6.5～8) μm×(4.5～6) μm。

【地理分布】主要分布于青海等地。

【生长环境】秋季于林中地上,群生或散生。

【毒性】可食用。

【功效作用】无。

参考文献

[1] 国家中医药管理局《中华本草》编委会.中华本草 1.上海:上海科学技术出版社,1999.
[2] 陈士瑜,陈惠.菇菌栽培手册.北京:科学技术文献出版社,2003.
[3] 邓叔群.中国的真菌.北京:科学出版社,1964.
[4] 黄年来.中国食用菌百科.北京:中国农业出版社,1993.
[5] 卯晓岚.中国大型真菌.郑州:河南科学技术出版社,2000.
[6] 梁志栋,康总江,李淑芳,等.科普食用菌学.北京:北京科学技术出版社,1988.
[7] 王贺祥.食用菌学.北京:中国农业大学出版社,2004.
[8] 刁治民,等.食用菌学.西宁:青海人民出版社,2006.
[9] 王贺祥,刘庆洪.食用菌栽培手册.北京:中国农业大学出版社,2015.
[10] 张光亚.云南食用菌.昆明:云南人民出版社,1984.
[11] 浙江省农学会.食用菌.杭州:浙江科学技术出版社,1991.
[12] 丁仰民.食用菌.徐州市教育局,1996.
[13] 李占尧,贾爱琴.食用菌.北京:经济管理出版社,1997.
[14] 张松.食用菌学.广州:华南理工大学出版社,2000.
[15] 唐玉琴,李长田,赵义涛.北京:化学工业出版社,2008.
[16] 黑龙江省农业委员会.食用菌.北京:中国农业出版社,2006.
[17] 李宝海,李顺凯,熊卫萍.西藏食用菌栽培技术.北京:中国农业科学技术出版社,2007.
[18] 潘洪玉,刘金亮.珍稀食用菌栽培技术.长春:吉林科学技术出版社,2010.
[19] 王世东.食用菌.北京:中国农业大学出版社,2010.
[20] 张江萍.现代食用菌学.北京:中国农业科学技术出版社,2013.
[21] 邱奉同,郝继伟.食用菌栽培技术.北京:人民出版社,2014.
[22] 陈国良,陈惠.食用菌治百病.上海:上海科学技术文献出版社,2014.
[23] 沈业寿.食用菌.合肥:安徽大学出版社,2009.